Für Jonathan,
damit kannst
Du die Blumen
am Wegrand
bei Deinen Rad-
touren bestimmen.
Viel Freude dabei!

von Oma + Opa

Blumen

blv

ENTDECKEN UND ERKENNEN

DR. SIGRUN KÜNKELE
BÄRBEL OFTRING (HRSG.)

Blumen

Ohne Blumen wäre die Natur ein Stück ärmer – fehlten dann doch die wunderschönen Farbtupfer am Wegesrand, auf Wiesen und in den Wäldern. Überall gibt es zahlreiche Kostbarkeiten zu entdecken, die einen Blick lohnen. So begeistern Blumen mit wunderschönen Farben (Enzian), interessanten Blütenformen (Akelei) oder auch trickreichen Früchten (Springkraut). Um all dies zu entdecken, reicht es oft aus, die Blickrichtung zu ändern, sich eventuell von seiner Nase leiten zu lassen und offen für Überraschungen zu sein. Lassen Sie sich von kleinen Blumen wie dem Duft-Veilchen oder Giganten wie dem Riesen-Bärenklau beeindrucken.

Die Arten in diesem Buch

Es gibt in der Welt der Blumen viel Interessantes zu entdecken und zu erkunden. In diesem Buch stellen wir Ihnen 222 krautige Wildblumen und Gräser vor, von denen die meisten bei uns recht häufig und weit verbreitet sind. Andere sind so typisch für bestimmte Lebensräume, z. B. der Queller, dass sie nicht fehlen dürfen.

Der erste Blick gilt der Blütenfarbe!

An der Farbe des **Piktogramms** erkennen Sie die Blütenfarbe. Nacheinander sind hier die weiß, gelb, rot und blau blühenden Arten versammelt. Bei den roten Arten finden Sie auch solche Pflanzen, die rosa oder mehr oder weniger rotviolett blühen, bei den blauen Arten auch solche mit Lila- oder Violetttönen.

Artenreiche Wiese mit Wiesen-Kerbel, Roter Lichtnelke und vielem mehr.

Anschließend kommen Wildblumen, die grüne, braune oder sehr unscheinbare Blüten tragen. Den Abschluss dieser Gruppe bilden einige Gräser. Da die Übergänge zwischen Rot und Blau sehr fließend sind und das Farbempfinden überaus subjektiv ist, lohnt es sich gerade hier, im Zweifelsfall auch bei der anderen Farbe nachzuschlagen, wenn man das gesuchte Objekt zunächst nicht findet.

Eine Blume blüht in mehreren Farben

Das gibt es. So blüht das Wilde Silberblatt z. B. violett, teilweise aber auch weiß, steht aber aus Platzgründen nur in der blauen Gruppe. Beim Blauroten Steinsamen hingegen ändert sich die Blütenfarbe von Rotviolett zu Blau. Finden Sie eine Blume daher nicht, dann blättern Sie einfach in beiden infrage kommenden Farbgruppen.

Der zweite Blick gilt der Blütensymmetrie!

Bei den **radiärsymmetrischen Blüten** lässt sich mehr als eine Spiegelebene durch die Blüte legen.

Bei den **spiegelsymmetrischen Blüten** gibt es nur eine Spiegelebene.

Scheinblüten wirken wie eine einzige große Blüte, bestehen aber tatsächlich aus vielen kleinen Einzelblüten in einem Blütenstand. Dies sind vor allem Vertreter der Familien der Korb- und Doldenblütler. So besteht z. B. die »Blüte« des Gänseblümchens aus zahlreichen äußeren weißen Zungenblüten und inneren gelben Röhrenblüten, ist also keine Einzelblüte.

Unter diesem Piktogramm sind alle Pflanzen eingeordnet, deren **Blüten unscheinbar**, grünlich oder bräunlich sind. Hier finden sich auch die Gräser.

Zu den Blumenporträts

Die einzelnen Blumenporträts sind immer gleich aufgebaut. Zunächst erfolgt eine kurze Beschreibung der wichtigsten **Merkmale**, anschließend finden sich Hinweise zum **Vorkommen** sowie zu den Bodenansprüchen. Danach folgen interessante Fakten rund um die Blume unter dem Stichpunkt **Wissenswertes**. Besonders wichtige Details sind **in roter Schrift** hervorgehoben. Wann die Pflanze blüht, erfahren Sie durch die Markierung der **Monatsleiste**, die oberhalb des deutschen Artnamens steht.

Abgerundet werden die Porträts durch Fotos, die charakteristische Merkmale zu Blüte, Blättern und Wuchsform zeigen. Sie können den Fotos auch Informationen zum typischen Standort entnehmen. Dennoch sollten Sie bedenken, dass sich die Individuen einer Art nicht völlig gleichen, sondern je nach Standortbedingungen und Entwicklungszustand etwas unterschiedlich aussehen können.

Blumen bestimmen

Am einfachsten ist das Bestimmen, wenn die Pflanze blüht. Dann geben Blütenfarbe, -form und Kronblattzahl sowie Blütezeit gute Anhaltspunkte, auch wenn die gleiche Pflanze je nach Region und Jahr zu etwas unterschiedlichen Zeiten blühen kann.

Ein weiterer guter Hinweis ist die Pflanzengröße. So gibt es durchaus ähnliche Pflanzen, die sich aber eindeutig in ihrer Höhe unterscheiden. Gleiches gilt für den Standort. Zwar ähneln sich

Oben: Eine radiärsymmetrische Blüte (Kornrade).

Links: Die Blüte des Acker-Stiefmütterchens ist ein gutes Beispiel für eine spiegelsymmetrische Blüte.

Unten links: Die »Scheinblüte« eines Gänseblümchens besteht aus Zungen- und Röhrenblüten.

Unten rechts: Auch eine Art der Scheinblüte (Rot-Klee).

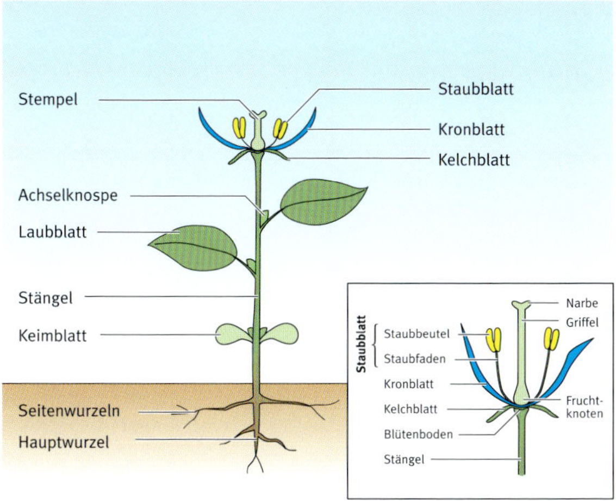

Schema der Teile einer Pflanze und ihrer Blüte.

z. B. Duftende und Hohe Schlüsselblume, jedoch bevorzugt die eine eher nasse und weniger lichte Standorte, die andere liebt es trocken und hell.

Weiterhin sollten Sie auf die Wuchsform und die Blätter achten. Wächst die Pflanze aufrecht oder kriecht sie am Boden? Wie sieht ihre Verzweigungsform aus? Sind die Blätter einfach oder zusammengesetzt, oval, länglich oder pfeilförmig? Stehen sich die Blätter gegenüber (sind also gegenständig), wechseln sie sich am Stängel ab (sind also wechselständig) oder stehen sie quirlständig, also in einem Kreis um den Stängel? Finden sich die Blätter nur am Grund, z. B. in einer Rosette, oder nur am Stängel oder an beiden Orten? Ist der Blattrand ganzrandig, gezähnt, gebuchtet oder handförmig eingeschnitten?

Weitere Hinweise kann der Stängel bieten, der rund, eckig, gerieft, hohl etc. sein kann. Achten Sie auch auf eine mögliche Behaarung, einen auffälligen Geruch, die Früchte oder das Vorhandensein von Milchsaft. Sind Ausläufer zu finden, Ranken, Dornen oder andere Besonderheiten?

Bedachtsamer Umgang mit Blumen

Sind Sie sich nicht sicher, mit welcher Art Sie es zu tun haben, dann sollten Sie vor allem bei den verschiedenen Doldenblütlern mit dem Anfassen vorsichtig sein. Diese Arten sind nicht ganz einfach auseinanderzuhalten, können aber bei empfindlichen Personen teilweise zu starken Verbrennungen führen, wenn der Pflanzensaft mit ihrer Haut in Berührung kommt und sie sich anschließend in der Sonne aufhalten. Auch um Eisenhut sollten Sie einen weiten Bogen machen, denn sein Gift kann sogar durch die intakte Haut eindringen.

ALISMA PLANTAGO-AQUATICA J F M A M J J A S O N D

Gewöhnlicher Froschlöffel

Merkmale Staude. 30–100 cm. Blätter gegenständig, lanzettlich bis oval, zugespitzt, rundliche Basis, gestielt, meist aus dem Wasser ragend. **Blüten in Rispen**, weiß bis hellrosa.

Vorkommen Flach überschwemmte **Ufer** von langsam fließenden Gewässern, Teichen, Seen. Auf nassen, nährstoffreichen Böden.

Wissenswertes Die Blüten mit ihren 3 weißen Kronblättern und 3 grünen Kelchblättern werden gern von Schwebfliegen besucht. Sie öffnen sich nur am Nachmittag. Der Artzusatz *plantago-aquatica* verweist auf die Ähnlichkeit der Blätter mit denen des Wegerichs (*Plantago*). Die gesamte Pflanze, besonders jedoch ihr Saft, wirkt hautreizend.

NASTURTIUM OFFICINALE J F M A M J J A S O N D

Echte Brunnenkresse

Merkmale Ausdauernde **Wasserpflanze**. 30–90 cm. Stängel kantig, hohl. Blätter glänzend, unpaarig gefiedert. Blüten in endständigen, dichten Trauben, weiß, 4-zählig. Schotenfrüchte.

Vorkommen In kühlen, klaren **Quellteichen** und Bächen.

Wissenswertes Brunnenkresse schmeckt scharf und etwas bitter und wird gern in Suppen und Salaten verwendet. Sie enthält viel Vitamin C, wirkt harntreibend, verdauungsanregend, galletreibend und schwach antibiotisch. Sie wird als Gemüse angebaut und reagiert sehr empfindlich auf **Wasserverschmutzung**. Brunnenkresse bildet an den Knoten der Stängel Wurzeln und lebt teilweise völlig untergetaucht.

ALLIARIA PETIOLATA J F M A M J J A S O N D

Knoblauchsrauke

Merkmale Zweijährig. 20–100 cm. Aufrecht. Blätter gegenständig, **herzförmig**, grob gezähnt. Blüten in endständiger Traube, weiß, 4-zählig. **Schotenfrüchte** mit 1 Reihe schwarzer Samen.

Vorkommen **Schattige Waldränder** und -wege, Hecken, Straßenränder, Ödland. Auf nährstoffreichen, humosen Lehmböden.

Wissenswertes Die Blätter der Knoblauchsrauke riechen beim Zerreiben stark nach **Knoblauch** (*Allium sativum*), was Anklang in ihrem wissenschaftlichen Namen findet. Sie eignen sich jung sehr gut zum Würzen von Quark, Salaten, Fisch u. a. Getrocknet verlieren sie leider ihr Aroma. Die Blüten locken mit ihrem unangenehmen Geruch zahlreiche Schwebfliegen, Bienen und Mücken an, die die Bestäubung übernehmen.

GEWÖHNLICHER FROSCHLÖFFEL

ECHTE BRUNNENKRESSE

KNOBLAUCHSRAUKE

CAPSELLA BURSA-PASTORIS — J F M A M J J A S O N D

Gewöhnliches Hirtentäschel

Merkmale Ein- bis zweijährig. 2–70 cm. Grundrosette aus lanzettlichen, fiederspaltigen Blättern. Blüten in verlängerten **Trauben**, klein, weiß, 4-zählig. Frucht 3-eckig bis **herzförmig**.

Vorkommen **Häufiges Unkraut** auf Feldern, Ödland, an Wegrändern, Böschungen. Auf nährstoffreichen Böden an hellen Standorten.

Wissenswertes Böden, auf denen das Hirtentäschel wächst, sind stickstoffreich (**Stickstoffzeiger**). Die auffälligen Früchte, die an die Ledertaschen mittelalterlicher Hirten erinnern, erscheinen fast das ganze Jahr hindurch in sehr großer Zahl. Die Art ist eine alte Heilpflanze und wirkt blutstillend. Daher wird sie u. a. bei Nasenbluten und zu starken Periodenblutungen eingesetzt.

THLASPI ARVENSE — J F M A M J J A S O N D (blüht April–Juli)

Acker-Hellerkraut

Merkmale Einjährig. 10–30 cm. **Kantiger Stängel**. Blätter lang, schmal, **pfeilförmig**. Blüten in endständigen Trauben, weiß, 4-zählig. Flache, fast kreisrunde, vorne eingeschnittene Früchte.

Vorkommen Weinberge, **Felder**, Schuttplätze, Ödland. Zumeist auf fruchtbaren, lockeren Böden.

Wissenswertes Die Pflanze riecht beim Zerreiben lauchartig. Die Früchte, etwa **centgroße Schötchen**, weisen einen breiten Flügelrand auf. Sie erinnern an kleine Münzen, woraus sich der Pflanzenname erklärt: Heller sind frühere deutsche Münzen, die nach der Stadt Schwäbisch Hall benannt sind, in der sie am Anfang geprägt wurden. Sie bestanden zunächst aus dünnem Silberblech, später aus Kupfer. Acker-Hellerkraut gilt als Lehmzeiger.

COCHLEARIA OFFICINALIS — J F M A M J J A S O N D (blüht Mai–Juni)

Echtes Löffelkraut

Merkmale Zweijährig, Staude. 20–50 cm. Grundständige Rosette mit lang gestielten, **nierenförmigen Blättern**. Stängelblätter wechselständig, ungestielt. Blüten in **Trauben**, weiß, 4-zählig.

Vorkommen Salzige, **brackige Marschwiesen**, gelegentlich auf versalzten Binnenstandorten.

Wissenswertes Als Anpassung an den Standort lagert die Pflanze Salz und Wasser ein, was den Blättern ein fleischiges Aussehen verleiht. Diese sind wintergrün, enthalten viel Vitamin C, wirken verdauungsfördernd und harntreibend. Sie wurden früher von Seeleuten als Schutz vor Skorbut verzehrt, einer Vitamin-C-Mangelkrankheit, die u. a. zu Zahnausfall, Muskelschwund und Erschöpfung führt. Die Blüten duften.

HIRTENTÄSCHEL, BLÜTEN

HIRTENTÄSCHEL, FRÜCHTE

ACKER-HELLERKRAUT

ECHTES LÖFFELKRAUT

GALIUM APARINE J F M A M J J A S O N D

Klebkraut

Merkmale Einjährig. 30–200 cm. Kantiger Stängel mit rückwärts gerichteten Borsten. Schmale Blätter in **Quirlen**, mit rückwärts gerichteten Stachelhaaren. Blüten klein, weiß, 4-zählig.

Vorkommen Wälder, Gebüsche, Felder, **Wegränder**, Ödland. Auf nährstoffreichen, frischen, lockeren, lehmigen Böden.

Wissenswertes Diese auch **Kletten-Labkraut** genannte Pflanze hält sich mithilfe der **borstigen Haare** an anderen Pflanzen fest und kann so niedrigeren Bewuchs überwuchern. Teilstücke, die an Menschen oder Tieren hängen bleiben, werden verschleppt und können an anderer Stelle wurzeln. Die Früchte sind zur besseren Verbreitung auch mit hakigen Borsten besetzt.

GALIUM MOLLUGO J F M A M J J A S O N D

Wiesen-Labkraut

Merkmale Staude. 25–100 cm. Rhizom meist rötlich, mit langen, unterirdischen Ausläufern. **Stängel kantig**, kahl. Blätter in **Quirlen**, länglich bis elliptisch. Blüten klein, weiß, 4-zählig.

Vorkommen Wiesen, Wald- und **Gebüschränder**. Auf basenreichen Böden.

Wissenswertes Dieses Labkraut ähnelt dem Klebkraut, ist von diesem aber durch die glatten, unbehaarten Stängel gut zu unterscheiden. Seine Staubblätter wachsen von der Narbe weg, um eine Selbstbestäubung zu verhindert. Es wird von kleinen Fliegen bestäubt und hybridisiert mit dem Echten Labkraut (*G. vernum*). Der wissenschaftliche Gattungsname leitet sich vom griechischen gala = Milch ab und ist wie der deutsche Namensbestandteil »Lab« ein Hinweis darauf, dass Labkräuter zur Gerinnung von Milch verwendet wurden.

GALIUM ODORATUM J F M A M J J A S O N D

Waldmeister

Merkmale Staude. 5–25 cm. Stängel kantig, aufrecht, unverzweigt. Blätter in Quirlen, länglich, am Rand winzige Borsten. Blüten in **Scheindolden**, klein, weiß, 4-zählig, trichterartig.

Vorkommen Schattige Laub- und **Mischwälder**. Auf lockeren, frischen, humosen Lehmböden.

Wissenswertes Wer im Mai/Juni durch einen schattigen Mischwald geht, wird vermutlich auf Waldmeister stoßen. Dessen süßlicher Geruch stammt vom Cumarin, das beim Trocknen entsteht und der **Maibowle** ihr typisches Aroma verleiht. Verwenden Sie nicht zu viel, da große Mengen Kopfschmerzen verursachen können.

KLEBKRAUT

KLEBKRAUT, BLÜTEN

WIESEN-LABKRAUT

WALDMEISTER

ARENARIA SERPYLLIFOLIA J F M A M J J A S O N D

Quendelblättriges Sandkraut

Merkmale Ein- bis zweijährig. 3–30 cm. Blätter gegenständig, oval zugespitzt. Blütenstand **gabelig verzweigt**, weiß, 5-zählig, Kelchblätter deutlich länger als Kronblätter.

Vorkommen Wege, **Felder**, Heiden, Mauern. Auf trockenen, sandigen, lockeren, nährstoffarmen Böden.

Wissenswertes Der Gattungsname *Arenaria* leitet sich vom lateinischen arenarius ab, das Sand bedeutet und auf den bevorzugten Standort dieser Pflanzen hinweist. Sie gelten als Zeigerpflanzen für Sandstandorte sowie als **Wärmezeiger**. Sie sind recht häufig als **Pionierpflanzen** auf gestörten Standorten zu finden.

CERASTIUM ARVENSE J F M A M J J A S O N D

Acker-Hornkraut

Merkmale Staude. 5–30 cm. Grau behaart. Blätter gegenständig, linealisch, mit **Blattbüscheln in den Achseln**. Blütenstand gabelig verzweigt, weiß, 5-zählig, Kronblätter tief eingeschnitten.

Vorkommen Wege, **Böschungen**, Feldraine. Auf trockenen, nährstoffarmen Böden.

Wissenswertes Das Acker-Hornkraut weist unterschiedliche Triebe auf, und zwar aufrechte, die Blüten tragen, sowie niederliegende, die nicht blühen, aber an den Knoten Wurzeln ausbilden. Es wird durch Bienen und Fliegen bestäubt. Der Name Hornkraut geht auf die Form der Früchte zurück, die charakteristisch gebogen sind. Da sie häufig von Ameisen verschleppt werden, findet man das Acker-Hornkraut auch auf Ameisenhaufen wachsend.

SILENE VULGARIS J F M A M J J A S O N D

Taubenkropf-Leimkraut

Merkmale Staude. 15–50 cm. Blätter gegenständig, oval bis elliptisch. Blütenstand locker gabelig, weiß, 5-zählig, **Kelch aufgeblasen**, rötlich oder grünlich mit zahlreichen Nerven.

Vorkommen **Wegränder**, Steinbrüche, Böschungen, Bahnschotter, Grasland. Auf eher trockenen, flachgründigen Böden.

Wissenswertes Die **duftenden Blüten** eines Blütenstands weisen häufig in eine Richtung. Sie schließen sich nicht am Abend, sondern sind Tag und Nacht geöffnet, und werden von langrüsseligen **Nachtfaltern** sowie Honigbienen bestäubt. Neben zwittrigen Blüten mit herausragenden Narben und Staubblättern finden sich auch rein weibliche und rein männliche Blüten.

QUENDELBLÄTTRIGES SANDKRAUT

ACKER-HORNKRAUT

TAUBENKROPF-LEIMKRAUT

STELLARIA MEDIA

J	F	M	A	M	J	J	A	S	O	N	D
●	●	●	●	●	●	●	●	●	●	●	●

Vogelmiere

Merkmale Einjährig. 5–40 cm. Stängel mit einzelner **Haarleiste**. Blätter gegenständig, oval. Blütenstand gabelig verzweigt, weiß, 5-zählig, **Kronblätter tief eingeschnitten**.

Vorkommen **Gärten**, Felder, Weinberge, Ufer, Ödland, Wege. Auf **stickstoffreichen Böden**.

Wissenswertes Die Vogelmiere bildet dichte Rasen und blüht teilweise das ganze Jahr hindurch. Sie wird gern von Vögeln gefressen und eignet sich daher als ganzjähriges Grünfutter für Hühner, Kanarienvögel, Wellensittiche und andere Vögel. Sie kann auch als Salatzutat genutzt werden, die viel Vitamin C enthält. Aufgrund der tiefen Einschnitte wirken ihre 5 Kronblätter häufig wie 10 einzelne Blütenblätter. Die Pflanze gilt als Stickstoffzeiger.

LINUM CATHARTICUM

J	F	M	A	M	J	J	A	S	O	N	D
					●	●					

Purgier-Lein

Merkmale Einjährig. 5–20 cm. Stängel dünn. Blätter gegenständig, ganzrandig, länglich lanzettlich, 1-adrig. 5–25 Blüten in **lockerer Rispe**, weiß mit **gelbem Fleck** am Grund, 5-zählig.

Vorkommen Kalkmagerrasen, **Wegränder**, Flachmoore, Böschungen. Auf kalkreichen, eher feuchten, meist dichten Böden.

Wissenswertes Purgieren ist ein anderes Wort für abführen und auch das griechische kathartikos, von dem sich der Artzusatz ableitet, bedeutet reinigend. Daher wundert es nicht, dass diese Pflanze früher zum **Abführen** benutzt wurde. Davon ist man heute wegen giftiger Inhaltsstoffe jedoch abgekommen. In der Homöopathie nutzt man die Pflanze allerdings weiterhin, z. B. bei Durchfallerkrankungen oder Periodenstörungen.

FILIPENDULA ULMARIA

J	F	M	A	M	J	J	A	S	O	N	D
					●	●	●	●			

Echtes Mädesüß

Merkmale Staude. 50–150 cm. Stängel kantig. Blätter unpaarig gefiedert. Blüten in stark verzweigten, **trichterartigen Rispen**, **klein**, gelbweiß, 5-zählig, **süßlich duftend**.

Vorkommen **Ufer** von Bächen und Gräben, feuchte Wälder, nasse Wiesen. Auf feuchten, nährstoffreichen Böden.

Wissenswertes Die Blätter des Mädesüß setzen sich aus 2–5 großen Fiederblättchenpaaren zusammen, zwischen denen sehr kleine Fiedern stehen. Mädesüß enthält **Salicylsäureverbindungen** und wirkt schweiß- und harntreibend. Daher wird es als Bestandteil von Grippetees sowie in der Homöopathie eingesetzt.

VOGELMIERE

PURGIER-LEIN

ECHTES MÄDESÜSS

FRAGARIA VESCA J F M A M J J A S O N D

Wald-Erdbeere

Merkmale Staude. 5–20 cm. Lange **Ausläufer**. 3-teilige Blätter in grundständigen Büscheln, gesägt. Rispig-traubiger Blütenstand, weiß, 5-zählig. **Rote Früchte** mit zurückgebogenen Kelchblättern.

Vorkommen Lichte Wälder, Böschungen, **Wegränder**. Auf meist nährstoffreichen Böden.

Wissenswertes Die schmackhafte Frucht der Erdbeere ist eine sogenannte Sammelnussfrucht, bei der die einzelnen Nüsschen die eigentlichen Früchte darstellen. Auch wenn Erdbeeren sehr beliebt sind, so gehören sie leider zu den Lebensmitteln, die am häufigsten eine Allergie auslösen. Im Gegensatz zum recht ähnlichen Erdbeer-Fingerkraut (*Potentilla sterilis*) berühren sich bei der Wald-Erdbeere die Kronblätter gegenseitig, was ein gutes Unterscheidungsmerkmal darstellt.

CALYSTEGIA SEPIUM J F M A M J J A S O N D

Gewöhnliche Zaunwinde

Merkmale Staude. 100–300 cm. Windend. Blätter wechselständig, herzförmig. **Blüten einzeln** in oberen Blattachseln, lang gestielt, bis zu 5 cm Durchmesser, **trichterförmig**, weiß.

Vorkommen Auwälder, Waldränder, **Zäune**, Wege, Hecken, Gärten. Auf feuchten, nährstoffreichen Böden.

Wissenswertes Die Gewöhnliche Zaunwinde ist ein **Linkswinder**, d.h., die Stängelspitze bewegt sich auf ihrer Suche nach einem stützenden Halt gegen den Uhrzeigersinn. Die Blüten, die sich auch nachts nicht schließen, werden vor allem von Schwebfliegen und langrüsseligen Nachtfaltern wie dem Windenschwärmer bestäubt.

CONVOLVULUS ARVENSIS J F M A M J J A S O N D

Acker-Winde

Merkmale Staude. 20–80 cm. Windend oder kriechend. Blätter wechselständig, **spießförmig**. Blüten einzeln an langen Stielen in Blattachseln, **kelchförmig**, weiß, rosa oder **gestreift**.

Vorkommen **Felder**, Gärten, Wegränder, Schuttplätze. Auf humusarmen, nährstoffreichen Lehm- und Tonböden.

Wissenswertes Auch diese Pflanze ist ein **Linkswinder**. Die bis zu 3 cm großen Blüten sind sehr kurzlebig und öffnen sich bereits am frühen Morgen. Schon gegen Mittag schließen sie sich wieder. Die Acker-Winde kann ein sehr lästiges Unkraut sein, da beim Ausgraben abgetrennte Teilstücke erneut kräftig austreiben und die Wurzeln noch in 2 m Tiefe zu finden sind.

WALD-ERDBEERE

GEWÖHNLICHE ZAUNWINDE

ACKER-WINDE

OXALIS ACETOSELLA J F M A M J J A S O N D

Wald-Sauerklee

Merkmale Staude. 5–12 cm. Blätter grundständig, lang gestielt, **3-teilig**, Teilblätter herzförmig. Blüten einzeln, lang gestielt, weiß oder blass rosaviolett, **dunkel geadert**, 5-zählig.

Vorkommen **Dichte Wälder**. Auf frischen bis feuchten Böden.

Wissenswertes Die einzelnen Teilblättchen sind beweglich und klappen in der Sonne und nachts nach unten, ansonsten stehen sie waagrecht. Wald-Sauerklee schmeckt aufgrund der Oxalsäure und ihre Salze **sauer**. Er bildet im Sommer und Herbst geschlossen bleibende Blüten ohne Kronblätter, die der hauptsächlichen Samenproduktion dienen. In größeren Mengen ist Wald-Sauerklee giftig.

ANEMONE NEMOROSA J F M A M J J A S O N D

Busch-Windröschen

Merkmale Staude. 5–25 cm. Stängel aufrecht. Blätter **tief gelappt**, Blattabschnitte gelappt, gezähnt. Blüte endständig, meist **6-zählig**, weiß, außen oft rosa oder bläulich überlaufen.

Vorkommen Laub- und **Mischwälder**, Gebüsche. Meist auf frischen, kalkhaltigen bis neutralen Böden.

Wissenswertes Die 3 Blätter, die im oberen Stängelbereich in einem Quirl stehen, sind Hochblätter, die die Blütenknospe schützen. Grundblätter sind hingegen zur Blüte meist nicht mehr zu sehen. Der Artzusatz *nemorosa* geht auf das lateinische nemorosus zurück, das waldreich, dicht belaubt bedeutet und auf den Standort anspielt. Zwar verleiten die zarten Blüten zum Pflücken, jedoch welken sie sehr rasch, so dass man in einem Wildblumenstrauß keine Freude an ihnen hat. Das Busch-Windröschen ist giftig.

POLYGONATUM ODORATUM J F M A M J J A S O N D

Echtes Salomonssiegel

Merkmale Staude. 20–50 cm. Stängel überhängend, scharfkantig. Blätter wechselständig, **in 2 Zeilen**, elliptisch, leicht aufgerichtet. Blüten einzeln, selten 2–3 büschelig in Blattachseln, **enge Glocken**, weiß, vorne grünlich, duftend. Beeren blau.

Vorkommen Lichte **Trockenwälder**, Gebüsche. Auf kalkhaltigen, lockeren, mäßig trockenen, stickstoffarmen Böden.

Wissenswertes Dem giftigen Salomonssiegel sagte man als alte Zauberpflanze nach, es könne verschlossene Türen öffnen, Quellen aus Felsen sprudeln lassen und Dornen herausziehen. Die absterbenden Stängel hinterlassen auf dem Rhizom **siegelartige Narben**, von denen sich die Namensgeber bei ihrer Wahl inspirieren ließen.

WALD-SAUERKLEE

BUSCH-WINDRÖSCHEN

ECHTES SALOMONSSIEGEL

CONVALLARIA MAJALIS — J F M A **M** **J** J A S O N D

Maiglöckchen

Merkmale Staude. 10–25 cm. Stängel am Grund meist mit violetten, stängelumfassenden Schuppen. Meist 2 übereinander stehende Grundblätter, elliptisch. Blüten in **einseitswendiger Traube**, glockenförmig, **nickend**, weiß, duftend. **Rote Beeren**.

Vorkommen **Laubwälder**. Auf lockeren, warmen Böden.

Wissenswertes Das Maiglöckchen enthält wie Fingerhut (siehe Seite 92) herzwirksame Glykoside, die es zu einer wertvollen Heil-, aber auch Giftpflanze machen. Die paralleladrigen Blätter können mit denen des Bär-Lauchs verwechselt werden, weisen aber keinen typischen Knoblauchgeruch auf. Jung sind sie charakteristisch eingerollt.

ALLIUM URSINUM — J F M A **M** J J A S O N D

Bär-Lauch

Merkmale Staude. 15–50 cm. Stängel blattlos. Meist 2, selten 1 oder 3 Grundblätter, **maiglöckchenartig**. Vielblütige Scheindolde, schneeweiß. Riecht intensiv nach **Knoblauch**.

Vorkommen Laub- und **Mischwälder**, Gebüsche, Parks. Auf nährstoffreichen, frischen, mullreichen Böden.

Wissenswertes In den letzten Jahren erlebt Bär-Lauch einen regelrechten Boom in der Küche und wird selbst schon im Supermarkt als Frischgemüse oder Pesto angeboten. Achten Sie beim Sammeln kleinerer Mengen im Wald auf den typischen Knoblauchgeruch, der den giftigen Verwechslungsarten Maiglöckchen (siehe oben) und Herbst-Zeitlose (siehe Seite 90) fehlt. Wollen Sie ganz sicher gehen, dann können Sie Bär-Lauch auch im eigenen Garten kultivieren.

NYMPHAEA ALBA — J F M A M **J** **J** **A** **S** O N D

Weiße Seerose

Merkmale Ausdauernde **Schwimmblattpflanze**. 50–300 cm. Schwimmblätter rundlich, an der Basis tief eingeschnitten. Blüten einzeln auf sehr langen Stielen, **bis zu 15 cm** im Durchmesser, schwimmend, weiß, schwach duftend.

Vorkommen In nährstoffreichen, stehenden oder langsam fließenden **Gewässern** bei einem Wasserstand von 50–300 cm.

Wissenswertes Die Blüten der Weißen Seerose sind im Vergleich zu denen anderer Wildblumen geradezu riesig. Ihre großen weißen Kronblätter sind spiralig angeordnet und umgeben zahlreiche gelbe Staubblätter in der Mitte. Die ledrigen Schwimmblätter entspringen einem **armdicken Rhizom**, das sich mit seinen Wurzeln im Untergrund verankert. Die Pflanze ist giftig.

MAIGLÖCKCHEN

MAIGLÖCKCHEN, BEEREN

BÄR-LAUCH

WEISSE SEEROSE

LEUCOJUM VERNUM J F M A M J J A S O N D

Märzenbecher

Merkmale Staude. 10–30 cm. 3–4 lange, schmale Grundblätter. Blüten einzeln, selten zu 2, glockig, **nickend**, weiß, **grüngelbe Flecken** an den Kronblattspitzen, duftend.

Vorkommen Lichte, feuchte **Wälder**, Gebüsche. Auf kalk- und nährstoffreichen, warmen Böden.

Wissenswertes Der giftige Märzenbecher wird auch **Frühlings-Knotenblume** genannt, da er einen Fruchtknoten aufweist, der sehr prominent wie ein kleiner Knoten unterhalb der Blütenblätter sitzt. Er ist im Garten ein beliebter Frühlingsbote für den Halbschatten.

GALANTHUS NIVALIS J F M A M J J A S O N D

Kleines Schneeglöckchen

Merkmale Staude. 8–20 cm. 2 grundständige Blätter, linealisch, blaugrün bereift. 1 einzelne Blüte, **nickend,** weiß, 3 äußere Blütenblätter abgespreizt, 3 innere **mit grünem Fleck**.

Vorkommen Schlucht- und Auwälder. Auf sickerfeuchten, nährstoffreichen, tiefgründigen Böden.

Wissenswertes Das Kleine Schneeglöckchen ist eine überaus beliebte Zwiebelpflanze, die mit ihrer Blüte laut phänologischem Kalender den **Beginn des Vorfrühlings** anzeigt. Es wird gern in Gärten kultiviert, aus denen es mittlerweile oft verwildert und so auch in der Natur vorkommen. Die Blüten können sich so früh im Jahr öffnen, da sie Frost überstehen. Die Pflanze ist giftig, wird in der Homöopathie jedoch u.a. als Herzmittel verwendet.

DROSERA ROTUNDIFOLIA J F M A M J J A S O N D

Rundblättriger Sonnentau

Merkmale Staude. 10–30 cm. Grundständige **Blattrosette**, Blätter abgerundet, mit zahlreichen, lang gestielten, **rötlichen Drüsenzotten**. Bis zu 12 Blüten am **blattlosen Stängel**, weiß.

Vorkommen Hoch- und **Niedermoore**, feuchte Heiden. Auf nassen, nährstoffarmen, sauren Böden.

Wissenswertes Da diese **fleischfressende Pflanze** auf sehr stickstoffarmen Böden wächst, benötigt sie eine andere Stickstoffquelle. Setzen sich Insekten auf ihre Blätter, bleiben sie an einem Sekret kleben, das als Tropfen an den Spitzen der Drüsenzotten hängt. Diese Zotten biegen sich daraufhin nach innen, so dass das Insekt anschließend mithilfe von speziellen Verdauungsdrüsen in der Blattmitte zersetzt werden kann und dem Sonnentau der frei werdende Stickstoff zur Verfügung steht.

MÄRZENBECHER

KLEINES SCHNEEGLÖCKCHEN

R. SONNENTAU, BLÄTTER

R. SONNENTAU, BLÜTEN

EUPHRASIA OFFICINALIS J F M A M J J A S O N D

Großblütiger Augentrost

Merkmale Einjährig. 5–25 cm. Blätter gegenständig, oval, spitz gezähnt. **Rachenblüten** in blätterdurchsetzten Ähren, klein, weiß oder weiß-violett, **gelber Schlund**, violett geadert.

Vorkommen Magere **Wiesen** und Weiden, Wegränder. Auf stickstoff- und kalkarmen Böden.

Wissenswertes Der beschriebene Großblütige Augentrost (*E. o.* ssp. *rostkoviana*) ist eine Unterart des Gewöhnlichen Augentrosts (*E. officinalis*). Er ist ein **Halbschmarotzer**, der zwar selber Fotosynthese betreibt, benachbarten Wiesenpflanzen aber mithilfe seiner Saugwurzeln Nährstoffe entzieht. Als Heilpflanze, die seit Jahrhunderten bei Augenleiden Verwendung findet, wird er auch heute noch bei bestimmten Augenerkrankungen sowie Husten und Heiserkeit eingesetzt.

LAMIUM ALBUM J F M A M J J A S O N D

Weiße Taubnessel

Merkmale Staude. 15–50 cm. Stängel 4-kantig, Blätter kreuzgegenständig, oval, **gezähnt**. 5–8 **Lippenblüten** in Scheinquirlen in den Blattachseln, weiß.

Vorkommen **Wege**, Gräben, Zäune, Waldränder, Hecken, Gebüsche, Misthaufen. Auf stickstoffreichen Lehmböden.

Wissenswertes Die Taubnessel ahmt mit ihrem Äußeren die bei Berührung unangenehme Brennnessel (*Urtica*, siehe Seite 136) ziemlich gut nach. Da ihr jedoch die entscheidenden Brennhaare fehlen, bleibt ihre Bedrohung »taub«. Ihre Blüten produzieren reichlich süßen Nektar, den Kinder gern aussaugen.

LYCOPUS EUROPAEUS J F M A M J J A S O N D

Gewöhnlicher Wolfstrapp

Merkmale Staude. 20–90 cm. Blätter kreuzgegenständig, **unter Wasser fiederspaltig**, darüber untere buchtig gezähnt, obere elliptisch. Blüten in Blattachseln in Scheinquirlen, weiß.

Vorkommen **Ufer**, Gräben, Sumpfwiesen, feuchte Wälder. Auf nassen, zeitweise überschwemmten, nährstoffreichen Böden.

Wissenswertes Weshalb mögen die Namensgeber beim Wolfstrapp an einen Wolfsfuß gedacht haben (lykos = Wolf, pous = Fuß)? Vielleicht wegen der oberen gesägten Laubblätter, die einem alten Wolfsfangeisen (englisch trap = Falle) entfernt ähneln. Die unteren 3 Kronblätter weisen rote Punkte auf, die man erst dann erkennt, wenn man sich die kleinen Blüten ganz genau ansieht. Sie dienen dem Anlocken bestäubender Insekten, was beim Wolfstrapp vor allem Schwebfliegen sind.

GROSSBLÜTIGER AUGENTROST

WEISSE TAUBNESSEL

GEWÖHNLICHER WOLFSTRAPP

AEGOPODIUM PODAGRARIA J F M A M J J A S O N D

Giersch

Merkmale Staude. 30–90 cm. Stängel hohl, gefurcht. Blätter **3-teilig** oder doppelt 3-teilig, Teilblättchen länglich oval, gesägt. Blüten in flachen **Dolden** mit 15–20 Döldchen, **klein**, weiß.

Vorkommen Wälder, Gebüsche, Ufer, **Gärten**. Halbschattige Lagen mit basen- und stickstoffreichem Lehm- oder Tonboden.

Wissenswertes Giersch bildet zahlreiche **unterirdische Ausläufer** und kann im Garten schnell zu einem lästigen Unkraut werden, da sich selbst aus kleinen Ausläuferbruchstücken neue Pflanzen entwickeln. Die jungen Stängel und Blätter sind als Wildgemüse geeignet, z. B. in Form eines Pestos. Heilpflanze. Frisch zerquetschte, aufgelegte Gierschblätter helfen genau wie Spitz-Wegerich-Blätter (siehe Seite 148) gegen Insektenstiche.

AETHUSA CYNAPIUM J F M A M J J A S O N D

Hundspetersilie

Merkmale Einjährig. 20–120 cm. Stängel kahl, oft **weinrot überlaufen** und bläulich bereift. Blätter 2–3-fach gefiedert, **unterseits glänzend**. Blüten in flachen Dolden, weiß.

Vorkommen Felder, **Gärten**, Schuttstellen, Waldränder. Auf meist kalkreichen, nährstoffreichen Böden.

Wissenswertes Hundspetersilie wächst selten auch zweijährig und **riecht** beim Zerreiben recht **unangenehm**. Sie gilt als giftig, wurde früher jedoch als Heilpflanze eingesetzt. Sie findet heute nur noch in der Homöopathie Anwendung, z. B. bei akutem Brechdurchfall oder Milchunverträglichkeit. Von der beliebten Petersilie unterscheidet sie sich u. a. durch den Geruch und die nicht glänzenden Blattunterseiten.

ANGELICA SYLVESTRIS J F M A M J J A S O N D

Wilde Engelwurz

Merkmale Staude. 50–200 cm. Stängel hohl, gefurcht. **Blätter bis zu 60 cm** lang, 2–3-fach gefiedert, **Blattscheiden blasig aufgetrieben**. Blüten in Dolden mit 20–40 Döldchen, weiß oder rosa.

Vorkommen **Feuchte Wiesen**, Bruch- und Auwälder, Ufer, Wegränder. Auf nassen, nährstoffreichen, meist tiefgründigen Böden.

Wissenswertes Der Stängel ist bei dieser Pflanze zumeist rötlich überlaufen. Ihre großen Dolden sind stark aufgewölbt. Gelangt der Pflanzensaft auf die Haut, kann es bei empfindlichen Personen unter Sonneneinwirkung zu Entzündungen bzw. Verbrennungen kommen (**fototoxische Reaktion**).

GIERSCH

HUNDSPETERSILIE

WILDE ENGELWURZ

ANTHRISCUS SYLVESTRIS J F M A M J J A S O N D

Wiesen-Kerbel

Merkmale Staude. 60–150 cm. Stängel **scharfkantig**, hohl, ungefleckt. Blätter dunkelgrün, glänzend, 2–3-fach gefiedert. Blüten in Dolden mit 8–16 Döldchen, Einzelblüten **klein**, weiß.

Vorkommen **Wiesen**, Wege, Waldränder, Gebüsche. Auf frischen, nährstoffreichen, tiefgründigen Böden.

Wissenswertes Wiesen-Kerbel findet man vor allem dort, wo auf Wiesen Jauche ausgebracht wurde. Generell zeigt er nährstoff- bzw. stickstoffreiche Standorte an. Sein Pflanzensaft kann wie der der Engelwurz (siehe Seite 28) zu **fototoxischen Reaktionen** führen. Er ist einer der am frühsten blühenden Doldenblütler, der im Mai in Massen an Straßen- und Wegrändern sowie auf Fettwiesen zu finden ist.

CARUM CARVI J F M A M J J A S O N D

Echter Kümmel

Merkmale Zweijährig. 30–90 cm. Stängel hohl, gefurcht. Blätter 1–2-fach gefiedert, Blättchen linealisch lanzettlich. Dolden mit 5–16 **verschieden lang gestielten Döldchen**, weiß oder rosa.

Vorkommen Wiesen, Weiden, **Wegränder**. Auf frischen, mäßig nährstoffreichen Ton- und Lehmböden in kühleren Lagen.

Wissenswertes Beim Zerreiben verströmen die Blätter den typischen Kümmelgeruch, den man von den Früchten kennt. Diese werden sowohl in der Küche als auch in der Heilkunde geschätzt, da sie verdauungsfördernd, blähungswidrig und krampflösend wirken. Kümmelöl wirkt darüber hinaus antimikrobiell. Kümmel ist Bestandteil zahlreicher Liköre und Schnäpse wie Aquavit, die in einigen Regionen auch selber Kümmel genannt werden.

CONIUM MACULATUM J F M A M J J A S O N D

Gefleckter Schierling

Merkmale Zweijährig. 100–200 cm. Stängel rund, hohl, bläulich bereift, rot bis **violett gefleckt**. Blätter 2–4-fach gefiedert, dunkelgrün, **schlaff**, weich. Dolden mit 8–15 Döldchen, weiß.

Vorkommen **Gräben**, Gebüsche, Straßenränder, Felder, Wiesen, Ödland. Auf stickstoffreichen, feuchten Lehmböden.

Wissenswertes Der **unangenehm riechende** Gefleckte Schierling enthält mit Coniin ein hochwirksames Gift, das u.a. zu Atemlähmung und schließlich zum Tod führt. Das wussten schon die alten Griechen, die damit Todesurteile vollstreckten. Coniin ist besonders stark in den Früchten, aber auch in allen anderen Teilen vorhanden.

WIESEN-KERBEL

ECHTER KÜMMEL

GEFLECKTER SCHIERLING

DAUCUS CAROTA J F M A M J J A S O N D

Wilde Möhre

Merkmale Zweijährig. 30–100 cm. Stängel gefurcht, **oft behaart**. Blätter 2–3-fach gefiedert, **federartig**. Dolde mit 15–30 Döldchen, weiß, mit schwarzer bis **tiefroter Blüte** in der Mitte.

Vorkommen Wiesen, Halbtrockenrasen, **Wegränder**, Feldraine. Auf lockeren, eher trockenen, mäßig stickstoffhaltigen Böden.

Wissenswertes Die dicke, weiße Pfahlwurzel der Wilden Möhre weist den typischen Möhrengeruch auf, den man von den aus ihr gezüchteten Kulturmöhren kennt. Diese sind aufgrund des hohen Carotingehalts sehr gesund und werden gekocht gern als Hausmittel bei Durchfall eingesetzt. Bei der Samenreife biegen sich die flachen Dolden ganz charakteristisch **vogelnestartig** nach innen zusammen.

HERACLEUM MANTEGAZZIANUM J F M A M J J A S O N D

Riesen-Bärenklau

Merkmale Staude. 100–300 cm. Stängel gefurcht, hohl. **Blätter bis zu 2 m** lang, fiedrig geteilt, große Blattscheide. Bis zu **50 cm große Dolde**, 15–30 Döldchen, weiß, Kronblätter tief gebuchtet.

Vorkommen Ufer, Waldlichtungen, Wald- und **Wegränder**, siedlungsnahes Ödland, Gärten. Auf tiefgründigen Böden.

Wissenswertes Wie viele andere Doldenblütler enthält auch der Riesen-Bärenklau Furocumarine, und zwar reichlich. Daher kann sein Pflanzensaft zu **sehr starken fototoxischen Reaktionen** führen, die schmerzhaft sind und nur langsam abheilen. Fassen Sie die Pflanze, die sich mittlerweile sehr stark ausbreitet, daher nicht an bzw. nur dann, wenn Sie sich mit Handschuhen und langen Ärmeln geschützt haben!

HERACLEUM SPHONDYLIUM J F M A M J J A S O N D

Wiesen-Bärenklau

Merkmale Zweijährig bis Staude. 30–150 cm. **Borstig behaart**. Stängel kantig gefurcht, hohl. Blätter gefiedert oder gelappt, obere mit aufgeblasenem Grund. Dolden mit 15–30 Döldchen, weiß.

Vorkommen Wiesen, **lichte Wälder**, Gräben, Wegränder. Auf frischen, nährstoffreichen, tiefgründigen Böden.

Wissenswertes Die tief eingebuchteten Kronblätter sind manchmal rosa oder gelblich gefärbt. Dabei sind die der **Randblüten** unterschiedlich groß und im Vergleich zu denen der inneren Blüten stark vergrößert, was sie besonders attraktiv für bestäubende Insekten macht. Der Pflanzensaft kann fototoxisch wirken.

WILDE MÖHRE

RIESEN-BÄRENKLAU

WIESEN-BÄRENKLAU

PIMPINELLA MAJOR J F M A M J J A S O N D

Große Bibernelle

Merkmale Staude. 40–100 cm. Stängel **kantig gefurcht**, hohl. Blätter einfach gefiedert, 3–9 ovale, gesägte oder gelappte Abschnitte. Flache Dolde mit 9–15 Döldchen, weiß oder rosa.

Vorkommen **Wiesen**, Weiden, Hochstaudenflure. Auf feuchten, stickstoff- und basenreichen Lehmböden.

Wissenswertes Die Dolden der Großen Bibernelle hängen vor dem Aufblühen schlaff über und richten sich erst mit dem Erblühen gerade auf. Die Große sowie auch die Kleine Bibernelle (*P. saxifraga*) enthalten in der Wurzel ätherische Öle, die in der Heilkunde bei Erkrankungen der Atemwege genutzt werden. Für Verwirrung sorgt manchmal der Kleine Wiesenkopf (siehe Seite 146), da dieser teilweise auch als Bibernelle bzw. Pimpernell bezeichnet wird.

PHYTEUMA SPICATUM J F M A M J J A S O N D

Ährige Teufelskralle

Merkmale Staude. 20–90 cm. **Grundblätter** lang gestielt, oval, am Grund herzförmig, **Stängelblätter** kleiner, sitzend. Blüten in zylindrischen, bis zu 6 cm langen **Ähren**, weiß bis gelblich.

Vorkommen Wiesen, Laub- und **Mischwälder**, selten in lichten Nadelwäldern. Auf nährstoffreichen, frischen Böden.

Wissenswertes Die Kronblätter der Einzelblüten sind bei den *Phyteuma*-Arten zur Blütezeit nur noch an den Spitzen miteinander verbunden, so dass sie wie Krallen aussehen. Aus diesem Grund werden die Vertreter dieser Gattung sehr plastisch Teufelskrallen genannt. Die Grundblätter weisen oft einen sehr charakteristischen schwarzen Fleck auf.

TRIFOLIUM REPENS J F M A M J J A S O N D

Weiß-Klee

Merkmale Staude. 15–45 cm. **Stängel kriechend**, an den Knoten wurzelnd. Blätter 3-teilig. Blütenköpfe **kugelig**, auf langem Stiel, weiß, verwelkte Blüten herabgebogen, duftend.

Vorkommen Wiesen, Fettweiden, **Rasen**, Wegränder. Auf frischen, stickstoffreichen Böden.

Wissenswertes Die 3-teiligen Kleeblätter weisen oft auf jedem Blättchen eine **helle Zeichnung** auf, die an ein Hufeisen bzw. V erinnert. Manchmal, jedoch eher selten, entwickelt sich auch ein 4-blättriges Exemplar, das dem Finder Glück bringen soll. Weiß-Klee ist sehr trittfest und bei Imkern beliebt, denn seine süßlich duftenden Blüten ergeben einen schmackhaften Honig. Er eignet sich auch gut als Kaninchenfutter.

GROSSE BIBERNELLE

GR. BIBERNELLE, ROSA

ÄHRIGE TEUFELSKRALLE

WEISS-KLEE

ACHILLEA MILLEFOLIUM

J	F	M	A	M	J	J	A	S	O	N	D
					●	●	●	●	●		

Gewöhnliche Schafgarbe

Merkmale Staude. 20–120 cm. Blätter wechselständig, 2–3-fach gefiedert. **Körbchenblüten** in dichter, schirmartiger Scheindolde, außen meist 5 weiße Zungen-, innen 2–9 weißliche Röhrenblüten.

Vorkommen Wiesen, Weiden, Felder, **Wegränder**. Auf mäßig stickstoffhaltigen, nicht zu feuchten Lehmböden.

Wissenswertes Die weißen Zungenblüten können auch rosa gefärbt sein, jedoch ist das eher die Ausnahme. Die gesamte Pflanze riecht sehr **aromatisch**, was an den enthaltenen ätherischen Ölen liegt. Schafe fressen gern die Blätter, lassen jedoch die Blüten zumeist stehen. Die Schafgarbe ist eine alte Heilpflanze, die u. a. entzündungshemmend wirkt.

LEUCANTHEMUM VULGARE

J	F	M	A	M	J	J	A	S	O	N	D
				●	●	●	●	●	●		

Frühe Margerite

Merkmale Staude. 20–90 cm. Blätter wechselständig, lang, schmal, grob gezähnt. **Große Körbchenblüten**, meist einzeln endständig am Stängel, weiße Zungen-, gelbe Röhrenblüten.

Vorkommen Weiden, **Wiesen**, Halbtrockenrasen, Straßenböschungen. Auf allen nicht zu fetten bzw. nicht zu nassen Böden.

Wissenswertes Die auch **Magerwiesen-Margerite** genannte Art fühlt sich, wie es ihr Name schon andeutet, auf Böden wohl, die nicht zu nährstoffreich sind. Dort kann sie große Bestände bilden, worauf ihr ebenfalls gebräuchlicher Name **Wucherblume** anspielt. Sie ist gut als Schnittblume sowie für Wildblumengärten geeignet, wo man allerdings damit rechnen muss, dass sie sich bei günstigen Bedingungen stark ausbreitet.

BELLIS PERENNIS

J	F	M	A	M	J	J	A	S	O	N	D
●	●	●	●	●	●	●	●	●	●	●	●

Gänseblümchen

Merkmale Staude. 3–15 cm. Blätter in Rosette, spatelförmig, leicht gekerbt. Blüten einzeln an **blattlosem Stängel**, Körbchen mit weißen Zungen- und gelben Röhrenblüten.

Vorkommen Wiesen, Weiden, Parkrasen, **Gärten**. Auf frischen, nährstoffreichen Böden.

Wissenswertes Die weißen Zungenblüten des Gänseblümchens sind häufig an den Spitzen und außen rötlich überlaufen. Es ist ein leicht nussig schmeckendes Wildgemüse und hat auch in der Homöopathie, u. a. bei Prellungen, Verletzungen und Verstauchungen, seinen festen Platz. Die Blüten schließen sich nachts und bei Regen. Für den Garten gibt es mittlerweile zahlreiche Zuchtformen, teils dicht gefüllt oder auch rot blühend.

GEW. SCHAFGARBE

G. SCHAFGARBE, ROSA

FRÜHE MARGERITE

GÄNSEBLÜMCHEN

CARLINA ACAULIS J F M A M J J A S O N D

Silberdistel

Merkmale Staude. 2–60 cm. Blattrosette, Blätter fiederteilig, Abschnitte wellig, **stachelig gezähnt**. **Große Körbchenblüten**, weiße oder rötliche Röhrenblüten, Hüllblätter linealisch, zugespitzt.

Vorkommen Magere Wiesen, Weiden, **Hänge**, Trockenrasen. Auf mäßig trockenen, kalkhaltigen Böden.

Wissenswertes Die Silberdistel ist **stängellos** und besitzt keine Zungenblüten. Dafür stehen die silbrigen bis schwach rosa gefärbten inneren Hüllblätter weit ausgebreitet und sind sehr auffällig. Die Blütenkörbe schließen sich bei feuchtem Wetter. Die Pflanze steht unter Naturschutz, wächst aber auch gut im Garten. Ihre Blütenböden sind essbar; allerdings sollte man das nur bei Gartenpflanzen ausprobieren.

CIRSIUM OLERACEUM J F M A M J J A S O N D

Kohl-Kratzdistel

Merkmale Staude. 30–120 cm. Stängel gefurcht. Blätter weich, elliptisch, gezähnt bis fiederspaltig, **schwach stachelig**, obere ungeteilt. Körbchen mit weißen bis blassgelben Röhrenblüten, von gelbgrünen, **kohlblattartigen Hüllblättern** umgeben.

Vorkommen Feuchtwiesen, **Gräben**, Sümpfe, Ufer. Auf nassen, nährstoffreichen, meist kalkreichen Böden.

Wissenswertes Auch wenn die Kratzdistel eine Distel ist, so sticht sie doch kaum. Sie ist ein schmackhaftes Wildgemüse: Ihre Blütenböden sind wie Artischocken essbar, die jungen Blätter schmecken als Salat, ältere gekocht oder als Auflauf. Die Wurzeln können jung roh, gekocht oder im Bierteig gebacken gegessen werden.

GALINSOGA PARVIFLORA J F M A M J J A S O N D

Kleinblütiges Knopfkraut

Merkmale Einjährig. 20–60 cm. Stängel stark verzweigt, meist unbehaart. Blätter gegenständig, oval, fein gezähnt. Körbchen einzeln oder in wenigblütigen **Trauben**, meist 5 kurze, 3-zähnige, weiße Zungenblüten, gelbe Röhrenblüten.

Vorkommen Schuttplätze, Felder, Weinberge, **Gärten**. Auf nährstoffreichen, kalkarmen Böden.

Wissenswertes Die auch **Franzosenkraut** genannte Art stammt ursprünglich aus Mexiko, was ihre Frostempfindlichkeit erklärt, ist mittlerweile aber beinahe weltweit verbreitet. Sie tritt oft als lästiges **Gartenunkraut** auf, da sie sich schnell entwickelt und ihre Samen oft noch im selben Jahr keimen und blühen.

SILBERDISTEL

SILBERD., GESCHLOSSEN

KOHL-KRATZDISTEL

KLEINBLÜTIGES KNOPFKRAUT

ANTHEMIS ARVENSIS

J	F	M	A	M	J	J	A	S	O	N	D
					●	●	●	●			

Acker-Hundskamille

Merkmale Ein- bis zweijährig. 10–50 cm. Blätter wechselständig, 2–3-fach gefiedert. **Blütenkörbchen einzeln am Stängelende**, 5–15 weiße, flach ausgebreitete Zungenblüten, gelbe Röhrenblüten, Blütenboden halbkugelig bis kegelförmig, nicht hohl.

Vorkommen Felder, **Wege**. Auf sauren Böden.

Wissenswertes Im Gegensatz zur Echten Kamille weist die Acker-Hundskamille keinen typischen Kamillengeruch auf und hat keine medizinische Bedeutung. Daher wurde sie als weniger wertvoll betrachtet, was sich im Namensbestandteil »Hund« ausdrückt. Sie besitzt zwischen den Röhrenblüten kleine Spreublätter, was zusammen mit dem **gefüllten Blütenboden** ein gutes Unterscheidungsmerkmal zur Echten Kamille ist.

MATRICARIA RECUTITA

J	F	M	A	M	J	J	A	S	O	N	D
				●	●	●	●				

Echte Kamille

Merkmale Einjährig. 15–50 cm. Blätter wechselständig, 2–3-fach fiederteilig. Körbchen **einzeln am Stängelende**, weiße, bald abwärts gebogene Zungenblüten, gelbe Röhrenblüten, Körbchenboden kegelförmig, hohl. **Aromatisch duftend**.

Vorkommen Wege, **Schuttplätze**, Straßenränder, Getreidefelder. Auf frischen, nährstoffreichen, meist kalkarmen Böden.

Wissenswertes Der **kegelförmige, hohle Blütenboden**, der Kamillenduft sowie die nach unten geschlagenen Zungenblüten sind gute Unterscheidungsmerkmale zu anderen Kamillen. Die Echte Kamille ist eine altbekannte bewährte Heilpflanze, die u. a. entzündungshemmend, antibakteriell, wundheilungsfördernd und krampflösend wirkt. Sie wurde 1987 zur Arzneipflanze des Jahres gewählt.

TRIPLEUSPERMUM PERFORATUM

J	F	M	A	M	J	J	A	S	O	N	D
					●	●	●	●	●		

Duftlose Kamille

Merkmale Einjährig. 20–80 cm. Blätter wechselständig, 2–3-fach gefiedert. Körbchen in **lockerer Rispe**, weiße Zungen- und gelbe Röhrenblüten, Blütenboden nicht hohl. Fast geruchslos.

Vorkommen Wegränder, **Brachflächen**, Getreidefelder. Auf nährstoffreichen, kalkarmen, trockenen Böden.

Wissenswertes Im Gegensatz zur Echten Kamille duftet die Duftlose Kamille so gut wie nicht und wächst auch deutlich höher. Zudem ist ihr **Blütenboden gefüllt** und ihre Zungenblüten sind stets ausgebreitet und nicht zurückgeschlagen. Sie zeigt keine Heilwirkung, wirkt aber hübsch im Wildblumenstrauß.

ACKER-HUNDSKAMILLE

ECHTE KAMILLE

DUFTLOSE KAMILLE

SINAPIS ARVENSIS

J	F	M	A	M	J	J	A	S	O	N	D
				●	●	●	●	●	●		

Acker-Senf

Merkmale Einjährig. 20–60 cm. Stängel abstehend behaart. **Grundblätter** leierförmig, fiederteilig oder buchtig, **Stängelblätter** wechselständig, sitzend. Blüten in Trauben, gelb, 4-zählig.

Vorkommen Felder, **Ödflächen**, Brachen, Gärten, Wegränder. Auf basen- und nährstoffreichen Böden.

Wissenswertes Die grünen Kelchblätter stehen beim Acker-Senf charakteristisch waagrecht ab, beim ähnlichen Hederich (*Raphanus raphanistrum*) hingegen aufrecht. Die Frucht ist eine perlschnurartige, 2,5–4,5 cm lange Schote mit dunkelbraunen Samen, die Senföle enthalten und in Medizin und Küche genutzt werden.

CHELIDONIUM MAJUS

J	F	M	A	M	J	J	A	S	O	N	D
			●	●	●	●	●	●	●		

Schöllkraut

Merkmale Staude. 20–90 cm. Blätter gegenständig, fiederspaltig oder einfach gefiedert, **unterseits blaugrün**. Blüten in Dolden, gelb, 4-zählig. Schotenartige Kapseln. **Orangegelber Milchsaft**.

Vorkommen Wege, Hecken, Waldränder, **Mauern**. Auf nährstoffreichen Lehmböden.

Wissenswertes Trägt man den Milchsaft auf Warzen auf, soll er diese zum Verschwinden bringen. Worauf diese Wirkung zurückzuführen ist, ist nicht sicher bewiesen. Auch scheint sich der Erfolg nicht immer einzustellen. Die Pflanze ist möglicherweise giftig, aber auch hier gibt es durchaus unterschiedliche Angaben. Unbestritten ist Schöllkraut jedoch ein **Stickstoffzeiger**. Da die schwarzen Samen fetthaltige Anhängsel aufweisen, werden sie gern von Ameisen verschleppt, die so zur Verbreitung beitragen.

OENOTHERA BIENNIS

J	F	M	A	M	J	J	A	S	O	N	D
					●	●	●	●			

Gewöhnliche Nachtkerze

Merkmale Zweijährig. 60–120 cm. Drüsig behaart. Grundblätter oval, Stängelblätter wechselständig, lanzettlich. **Blüten einzeln** in oberen Blattachseln, gelb, 4-zählig, **duftend**.

Vorkommen Böschungen, **Bahndämme**, Öd- und Kiesflächen, Straßenränder. Auf sandigen, nährstoffreichen Böden.

Wissenswertes Die großen, tellerförmigen Blüten der aus Nordamerika stammenden Nachtkerze öffnen sich **erst mit der Dämmerung** und werden von Nachtfaltern bestäubt. Sie ist gut als Gartenpflanze geeignet und enthält ein Öl, das medizinisch, z. B. bei Neurodermitis, sowie in kosmetischen Produkten verwendet wird.

ACKER-SENF

SCHÖLLKRAUT

SCHÖLLKRAUT, MILCHSAFT

GEWÖHNLICHE NACHTKERZE

POTENTILLA ERECTA — J F M A M J J A S O N D (Blütezeit: M J J A S)

Blutwurz

Merkmale Staude. 15–30 cm. Grundblätter gestielt, Stängelblätter wechselständig, sitzend, meist 3-zählig gefingert, durch 2 Nebenblätter 5-teilig wirkend, Teilblättchen grob gezähnt. Blüten einzeln in Blattachseln, **lang gestielt**, gelb, 4-zählig.

Vorkommen **Wälder**, Heiden, Magerwiesen, Flachmoore. Auf stickstoff- und kalkarmen Böden.

Wissenswertes Der knollige, schwarzbraune Wurzelstock verfärbt sich **blutrot**, sobald man ihn anschneidet, und verhalf der Pflanze zu ihrem Namen. Er enthält Gerbstoffe, die seit langer Zeit bei akutem Durchfall und leichten Entzündungen eingesetzt werden.

GALIUM VERUM — J F M A M J J A S O N D (Blütezeit: J J A S)

Echtes Labkraut

Merkmale Staude. 30–80 cm. Stängel mit **4 erhabenen Linien**. Blätter zu 6–12 in Quirlen, **nadelartig**, stachelspitzig, Ränder umgerollt. Blüten in dichten Rispen, gelb, 4-zählig.

Vorkommen Trockene Wiesen, **Wegränder**, Gebüsche, Böschungen, Dünen. Auf mäßig trockenen, lockeren, meist kalkhaltigen Böden.

Wissenswertes Die frische Pflanze enthält ein dem Labenzym ähnliches Protein, das Milch zum Gerinnen bringt. Sie wurde daher früher bei der Käseherstellung verwendet (siehe auch Wiesen-Labkraut, Seite 12). Die Blüten duften intensiv süßlich und produzieren reichlich Nektar, weshalb sich die Pflanze gut als Bienenweide im Garten macht.

EUPHORBIA HELIOSCOPIA — J F M A M J J A S O N D (Blütezeit: M J J A S O)

Sonnen-Wolfsmilch

Merkmale Einjährig. 5–40 cm. Blätter wechselständig, spatelig, vorne fein gesägt. 4–5-strahlige Scheindolden mit gelblichen, **laubblattartigen Hochblättern**, Scheinblüten mit 4 ovalen, gelben Nektardrüsen. **Weißer Milchsaft**.

Vorkommen Felder, Weinberge, Gärten, **Ödflächen**. Auf nährstoffreichen, lockeren Böden.

Wissenswertes Die Blütenstände dieser giftigen Wolfsmilchart wenden sich, wie es ihr Trivialname schon andeutet, immer der Sonne entgegen. Das war auch schon ihren Namensgebern bekannt, denn das griechische helios bedeutet Sonne und scopein sehen, hinsehen. Die Kapselfrüchte springen bei der Reife explosionsartig auf und verbreiten so die braunen, jahrzehntelang keimfähigen Samen.

BLUTWURZ

ECHTES LABKRAUT

SONNEN-WOLFSMILCH

VERBASCUM THAPSUS J F M A M J J A S O N D

Kleinblütige Königskerze

Merkmale Zweijährig. 50–180 cm. Weiß- oder **grauwollig behaart**. Blätter wechselständig, lanzettlich bis oval, schwach gekerbt. Blüten in langen, ährenartigen **Trauben**, gelb, 5-zählig.

Vorkommen **Wegränder**, Ödflächen, Ufer, Waldränder. Auf stickstoffreichen, lockeren, trockenen, basenreichen Böden.

Wissenswertes Im ersten Jahr bildet die Kleinblütige Königskerze nur eine Blattrosette, um dann im zweiten Jahr in die Höhe zu wachsen und zu blühen. Die Basis jedes einzelnen Stängelblatts läuft weit am Stängel herab, fast bis zum darunter liegenden Blatt, so dass der Stängel deutlich geflügelt ist. Dadurch wird das Regenwasser von den Blättern an den Stängel und von dort direkt zu den Wurzeln geleitet.

SEDUM ACRE J F M A M J J A S O N D

Scharfer Mauerpfeffer

Merkmale Staude. 3–15 cm. Blätter wechselständig, dicht überlappend an vegetativen Trieben, **dick**, **fleischig**, oval, an der Spitze oft rot. Blütenstand traubig-doldig, gelb, 5-zählig.

Vorkommen Kieswege, **Mauern**, Felsspalten, Bahnschotter. Auf warmen, trockenen, sandigen bis steinigen Böden.

Wissenswertes Der Scharfe Mauerpfeffer ist eine Sukkulente, d. h., er kann in seinen fleischigen Blättern Wasser speichern und ist so an trockene Standorte angepasst. Er schmeckt **pfeffrig scharf**, kann allerdings beim Zerkauen zu Reizungen im Mund sowie zu Durchfall und Erbrechen führen – verzichten Sie daher besser auf den Genuss!

CALTHA PALUSTRIS J F M A M J J A S O N D

Sumpf-Dotterblume

Merkmale Staude. 15–60 cm. Stängel hohl. Blätter wechselständig, **herzförmig**, gezähnt, fettig glänzend. Blüten ohne Kelchblätter, dottergelb, **innen fettig glänzend**, 5-zählig.

Vorkommen Feuchtwiesen, **Gräben**, Ufer, Flachmoore, Bruchwälder. Auf nassen, nährstoffreichen Böden.

Wissenswertes Der Artzusatz *palustris* bedeutet sumpfig und gibt einen guten Hinweis darauf, wo diese Pflanze zu finden ist. Als Anpassung an ihren Standort besitzt sie **schwimmfähige Samen**, die vom Wasser verbreitet werden können. Die auffälligen Blüten, in denen der Pollen völlig ungeschützt ist, sind oft auf der Unterseite grün gefärbt. Der Pollen kann daher bei Regen in den Blüten umherschwimmen und so für eine Selbstbestäubung sorgen. Die Sumpf-Dotterblume ist giftig.

KLEINBLÜTIGE KÖNIGSKERZE

SCHARFER MAUERPFEFFER

SUMPF-DOTTERBLUME

RANUNCULUS ACRIS J F M A M J J A S O N D

Scharfer Hahnenfuß

Merkmale Staude. 30–100 cm. Blätter wechselständig, **handförmig**, tief eingeschnitten, untere lang gestielt, obere sitzend. Blüten goldgelb, **glänzend**, 5-zählig, Blütenstiele nicht gefurcht.

Vorkommen Fettwiesen, **Wegränder**. Auf nährstoffreichen, etwas feuchten Böden.

Wissenswertes Der Scharfe Hahnenfuß wird, wie viele andere gelb blühende Hahnenfußarten auch, aufgrund seiner fettig glänzenden Blätter auch **Butterblume** genannt. Er enthält mit Ranunculin einen Stoff, der ihm einen bitteren, scharfen Geschmack verleiht und bei äußerlichem Kontakt zu starken Hautreizungen führt. Daher gilt diese Art als giftig. Die frischen Blätter werden vom Vieh gemieden, während das Verfüttern als Heu völlig unproblematisch ist.

RANUNCULUS AURICOMUS J F M A M J J A S O N D

Gold-Hahnenfuß

Merkmale Staude. 15–45 cm. Grundblätter und untere Stängelblätter wenig geteilt, **rundlicher Umriss**, übrige mit 3–5 schmalen Abschnitten, wechselständig. Traubig-rispiger Blütenstand mit wenigen Blüten, goldgelb, glänzend, 5-zählig.

Vorkommen Lichte Laub- und **Mischwälder**, Fettwiesen, Bergwiesen. Auf frischen, nährstoff- und basenreichen Böden.

Wissenswertes Die Kronblätter fallen bei diesem Hahnenfuß bald ab. Teilweise sind sie auch nur unvollständig entwickelt oder nicht alle vorhanden. Die Samen können ohne vorherige Befruchtung entstehen, was zu erbgleichen Pflanzen führt. Der Gold-Hahnenfuß ist, wie viele andere *Ranunculus*-Arten auch, giftig.

RANUNCULUS REPENS J F M A M J J A S O N D

Kriechender Hahnenfuß

Merkmale Staude. 15–40 cm. Blätter wechselständig, im Umriss 3-eckig, 3 tief gezähnte Blattabschnitte, mittlerer immer gestielt. Wenige Blüten in **Traube**, goldgelb, glänzend, 5-zählig, Blütenstiele gefurcht.

Vorkommen Nasse Felder, Wege, Ufer, Feuchtwiesen, Auwälder, **Gärten**. Auf feuchten, schweren Lehm- oder Tonböden.

Wissenswertes Dieser Hahnenfuß bildet zahlreiche oberirdisch kriechende, **meterlange Ausläufer**, die an den Knoten Wurzeln entwickeln. Er wächst mit Vorliebe auf verdichteten, nassen Standorten und verträgt sogar zeitweilige Überflutung. Auch er ist giftig.

SCHARFER HAHNENFUSS

GOLD-HAHNENFUSS

KRIECHENDER HAHNENFUSS

PRIMULA ELATIOR J F M A M J J A S O N D

Hohe Schlüsselblume

Merkmale Staude. 10–30 cm. Behaart. Ungeteilte Blätter in Rosette, oberseits **runzelig**, dunkelgrün, unterseits hellgrün. Lang gestielte, einseitswendige Dolden mit 5–20 Blüten, **hellgelb**, 5-zählig.

Vorkommen Wälder, **feuchte Wiesen**. Auf stickstoff- und basenreichen, eher etwas feuchten, schweren Böden.

Wissenswertes Die Hohe Schlüsselblume mag im Gegensatz zu *Primula veris* eher feuchte und nicht ganz so lichte Standorte. Sie blüht etwas eher als ihre Verwandte und duftet, wenn überhaupt, nur sehr leicht. Die frühe Blütezeit dieser Gattung stand bei der Namenswahl Pate, denn das lateinische primula ist die Verkleinerungsform von prima, was die Erste bedeutet.

PRIMULA VERIS J F M A M J J A S O N D

Duftende Schlüsselblume

Merkmale Staude. 5–30 cm. Behaart. Ungeteilte Blätter in grundständiger Rosette, oberseits runzelig, dunkelgrün, unterseits hellgrün. Lang gestielte, etwas einseitswendige Dolden mit 5–20 **langröhrigen Blüten**, dottergelb mit **orangen Flecken**, 5-zählig.

Vorkommen Bergwiesen, trockene, **lichte Wälder**. Auf kalkreichen, stickstoffarmen, eher trockenen Böden.

Wissenswertes Duftende und Hohe Schlüsselblume lassen sich miteinander verwechseln, auch wenn sie andere Standorte bevorzugen. Die Blüten der Duftenden Schlüsselblume sind jedoch zumeist etwas kleiner als die der Hohen Schlüsselblume und zeichnen sich neben den orangen Flecken am Blütengrund durch ihren süßen **Honigduft** aus.

LYSIMACHIA NUMMULARIA J F M A M J J A S O N D

Pfennigkraut

Merkmale Staude. 5–50 cm. Stängel kriechend. Blätter immergrün, gegenständig, **rundlich**. Blüten einzeln in oberen Blattachseln, glockig, gestielt, gelb, **drüsig rot punktiert**, 5-zählig.

Vorkommen Wiesen, Weiden, **Ufer**, Gräben. Auf feuchten, nährstoffreichen Böden.

Wissenswertes Das Pfennigkraut ist selbststeril und bildet eher selten Früchte aus. Es vermehrt sich vor allem über **Ausläufer**, so dass es auch als Bodendecker für die Begrünung größerer Gartenflächen eine gute Figur macht. Der Artzusatz *nummularia* geht auf das lateinische nummulus = kleines Geldstück zurück und nimmt Bezug auf die runden Blätter.

HOHE SCHLÜSSELBLUME

DUFTENDE SCHLÜSSELBLUME

PFENNIGKRAUT

HYPERICUM PERFORATUM — J F M A M J **J A** S O N D

Tüpfel-Johanniskraut

Merkmale Staude. 30–80 cm. Stängel mit **2 Längsleisten**. Blätter gegenständig, oval, **durchscheinend punktiert**. Blüten in Scheindolden, gelb, **am Rand schwarz punktiert**, 5-zählig.

Vorkommen Magerwiesen, Rasen, Heiden, Böschungen, **Wegränder**. Auf trockenen, mageren Böden.

Wissenswertes Bei leichten depressiven Verstimmungen kann Johanniskraut sehr hilfreich sein. Allerdings sollten empfindliche Personen, solange sie entsprechende Präparate einnehmen, starke Sonneneinstrahlung meiden, da es sonst zu Hautrötungen kommen kann. Die durchscheinenden bzw. schwarzen Punkte, die die Blätter wie durchlöchert erscheinen lassen, sind Öldrüsen. Darauf bezieht sich auch der wissenschaftliche Artzusatz, denn das lateinische perforatus bedeutet durchlöchert.

AGRIMONIA EUPATORIA — J F M A M **J J A** S O N D

Gewöhnlicher Odermennig

Merkmale Staude. 40–100 cm. Stängel **rau behaart**. Blätter wechselständig, ungleich unpaarig gefiedert, Fiederblättchen grob gezähnt. Blüten in **langen Trauben**, gelb, 5-zählig.

Vorkommen Magerwiesen, Hecken, **Gebüsche**, Böschungen. Auf kalkhaltigen, trockenen Böden.

Wissenswertes Die Früchte weisen aufrechte bis abstehende **Borsten** auf, mit deren Hilfe sie an vorbeistreifenden Tieren hängen bleiben. Auf diese Weise ist für ihre Verbreitung gesorgt. Aufgrund des Gerbstoffgehalts wird die Pflanze medizinisch genutzt, z. B. bei leichten Durchfallerkrankungen, aber auch bei Leber- und Gallenleiden.

GEUM URBANUM — J F M A **M J J A S O** N D

Echte Nelkenwurz

Merkmale Staude. 30–120 cm. Behaart. Grundblätter gefiedert, Stängelblätter wechselständig, 3-teilig. Blüten in lockeren Rispen, **grüner Kelch** und Außenkelch, gelb, 5-zählig.

Vorkommen Hecken, Wälder, **Zäune**, Mauern. Auf nährstoffreichen Böden im Halbschatten.

Wissenswertes Die Früchte sind Sammelnussfrüchte, bei denen jedes Nüsschen noch den **hakenförmigen Griffel** aufweist. Damit können sie sich im Tierfell verfangen. Die Grundblätter weisen 1–5 ungleiche, gelappt gesägte Fiederblättchenpaare auf, die Stängelblätter an der Basis immer ein Paar große Nebenblätter. Die Wurzeln riechen nach Gewürznelken, was seinen Niederschlag im Trivialnamen findet.

TÜPFEL-JOHANNISKRAUT

GEWÖHNLICHER ODERMENNIG

ECHTE NELKENWURZ

POTENTILLA ANSERINA — J F M A **M J J A** S O N D

Gänse-Fingerkraut

Merkmale Staude. 5–15 cm. Stängel kriechend, bewurzelt an Knoten. Blätter unpaarig gefiedert, 5–21 Fiedern, gesägt, unterseits **seidig weiß behaart**. Blüten einzeln, gelb, 5-zählig.

Vorkommen Gänseweiden, Ufer, **Wegränder**, Bahndämme, Ödflächen. Auf feuchten, stickstoffreichen, dichten Böden.

Wissenswertes Das Gänse-Fingerkraut enthält Gerbstoffe, die medizinisch genutzt werden, so z. B. bei leichten akuten Durchfällen oder zum Gurgeln und Spülen bei Entzündungen im Mund-Rachen-Raum. Die Blätter sind auffällig **unterbrochen gefiedert**, so dass sich größere Fiederblättchen mit sehr kleinen abwechseln.

NUPHAR LUTEA — J F M A M **J J A** S O N D

Gelbe Teichrose

Merkmale Ausdauernde **Schwimmblattpflanze**. 50–250 cm. Schwimmblätter oval, bis zu 40 cm lang, an Basis tief eingeschnitten. Blüten auf langen Stielen über dem Wasser, gelb, 5-zählig.

Vorkommen Langsam fließende oder stehende **Gewässer** mit einem Wasserstand von bis zu 6 m.

Wissenswertes In der Mitte der kugeligen, 4–6 cm großen Blüten sind viele Nektar- und Staubblätter zu finden. Die Blüten **duften stark** und werden von Käfern und Schwebfliegen bestäubt. Die Früchte entwickeln sich unter der Wasseroberfläche, zerfallen bei Reife und steigen dann nach oben, wo sie im Zuge der Zersetzung die Samen freigeben. Diese sind eine Zeit lang schwimmfähig. Die giftige Gelbe Teichrose wurzelt im schlammigen Grund und wächst auch noch dort, wo das Wasser für die Weiße Seerose (siehe Seite 22) zu tief ist.

RANUNCULUS FICARIA — J F **M A M** J J A S O N D

Scharbockskraut

Merkmale Staude. 5–30 cm. Blätter gestielt, rundlich herzförmig, obere handförmig 5-eckig, **etwas fleischig**, glänzend. Blüten einzeln, **glänzend**, gelb. In Blattachseln oft Brutknöllchen.

Vorkommen Feuchte Wälder, Gebüsche, **Wiesen**, Gärten. Auf feuchten, stickstoffreichen Böden.

Wissenswertes Das Scharbockskraut wächst häufig auf zeitweise überschwemmten Standorten. Es setzt bei der Vermehrung weniger auf Samen, die bei uns nur selten gebildet werden, sondern bringt zahlreiche **Brutknöllchen**, sogenannte Bulbillen, sowie Wurzelknollen hervor. Die Blüten weisen 8–12 schmal elliptische Kronblätter auf.

GÄNSE-FINGERKRAUT

GELBE TEICHROSE

SCHARBOCKSKRAUT

TROLLIUS EUROPAEUS J F M A **M** **J** J A S O N D

Trollblume

Merkmale Staude. 15–60 cm. Blätter wechselständig, **handförmig** 3–5-teilig. 1 endständige Blüte, selten 2–3, gelb, **Kronblätter kugelig** nach innen gewölbt.

Vorkommen Berg- und **Nasswiesen**, Flachmoore. Auf feuchten, kühlen Ton- oder Lehmböden.

Wissenswertes Die Blüten sind oben beinahe verschlossen, so weit neigen sich die Kronblätter zueinander. Daher müssen sich blütenbesuchende Insekten durch eine kleine Öffnung zwängen. Die Bestäubung übernehmen vor allen 3 **Fliegenarten**, die ihre Eier in den Fruchtknoten ablegen. Dabei verträgt eine Blüte bis zu 6 Larven, die sich von ihren Samen ernähren, ohne dass ihre Fortpflanzung gefährdet wäre. Die Trollblume ist giftig.

GAGEA LUTEA J F **M** **A** M J J A S O N D

Gewöhnlicher Goldstern

Merkmale Staude. 5–20 cm. **1 Grundblatt**, linealisch lanzettlich, ca. 1 cm breit, den Stängel überragend. Blüten einzeln oder zu 2–7 in einer Scheindolde, gelb, **6-zählig**.

Vorkommen Laubmisch- und **Auwälder**, Hecken. Auf feuchten, kalkreichen, lockeren Böden.

Wissenswertes Der Gewöhnliche Goldstern ist eine Zwiebelpflanze, die nur ein einzelnes Grundblatt hervorbringt, das an der Spitze eine Art Kapuze bildet. Unterhalb des Blütenstands befinden sich 2 schmale, gegenständige Hochblätter. Die Blüten werden reichlich von Fliegen und Käfern besucht, die den Nektar am Blütenboden aufsaugen.

IRIS PSEUDACORUS J F M A **M** **J** **J** A S O N D

Wasser-Schwertlilie

Merkmale Staude. 50–100 cm. Blätter grundständig, **schwertförmig**, bis zu 90 cm lang. 4–12 typische **Irisblüten**, 8–10 cm groß, gelb, äußere Blütenhüllblätter dunkel geadert, bartlos.

Vorkommen Ufer von **Gräben**, Bächen, Teichen, Sümpfe. Auf nassen, oft zeitweise überschwemmten, nährstoffreichen Böden.

Wissenswertes Die äußeren »Hängeblätter« der Blüten sind breit, oval und weisen dunkle Adern und Flecken auf. Die inneren »Dornblätter« sind kleiner, schmal länglich und stehen aufrecht. Jedes Blütenblatt wirkt auf Insekten wie eine Einzelblüte und wird besucht. Lilienblüten findet man in zahlreichen Wappen, sie symbolisieren Reinheit und Unschuld. Die auch **Sumpf-Schwertlilie** genannte Art ist giftig.

TROLLBLUME

GEWÖHNLICHER GOLDSTERN

WASSER-SCHWERTLILIE

IMPATIENS NOLI-TANGERE

J	F	M	A	M	J	J	A	S	O	N	D
						●	●				

Rührmichnichtan

Merkmale Einjährig. 50–100 cm. Stängel **glasig durchscheinend**. Blätter wechselständig, oval, gezähnt. Blüten einzeln oder zu wenigen in Trauben hängend, zitronengelb, **rot gepunktet**, gespornt.

Vorkommen Feuchte Au- und **Laubwälder**, an Quellen und Bächen. Auf stickstoffhaltigen, humosen, feuchten Böden.

Wissenswertes Die Früchte verleiten nicht nur Kinder immer wieder aufs Neue zum Anfassen. Denn wenn sie reif sind, stehen sie dermaßen unter Druck, dass sie sich bei der leichtesten Berührung extrem schnell öffnen und ihre **Samen meterweit fortschleudern**. Zurück bleiben lediglich die aufgerollten Fruchtblätter. Daher wird diese Art auch **Großes Springkraut** genannt.

LINARIA VULGARIS

J	F	M	A	M	J	J	A	S	O	N	D
					●	●	●	●	●		

Gewöhnliches Leinkraut

Merkmale Staude. 20–60 cm. Blätter wechselständig, lang, schmal. **Rachenblüten** in schlanken Trauben, hellgelb, 2-lippig, Unterlippe mit dunkelorangem Fleck, **lang gespornt**.

Vorkommen Wegränder, **Ödflächen**, Steinbrüche, Kahlschläge. Auf stickstoffarmen, lockeren, sandigen, steinigen Böden.

Wissenswertes Um an den Nektar im Sporn zu gelangen, müssen die Lippen des Leinkrauts herabdrückt werden. Dies gelingt allerdings nur ausreichend schweren Insekten wie Hummeln und Bienen, es sei denn, der Blütenbesucher ist ein Schmetterling, der seinen langen Rüssel einfach zwischen den geschlossenen Lippen durchstecken kann. Abweichend vom normalen Aussehen treten manchmal auch mutierte Exemplare auf, die umgestülpte, regelmäßig 5-spornige Blüten aufweisen.

MELAMPYRUM PRATENSE

J	F	M	A	M	J	J	A	S	O	N	D
					●	●	●				

Wiesen-Wachtelweizen

Merkmale Einjährig. 10–40 cm. Blätter gegenständig, linealisch bis oval, untere ganzrandig. Rachenblüten in **einseitswendigen, ährenartigen Trauben**, Unterlippe mit 2 Höckern, gelb bis gelblich weiß, **spornlos**, duftend.

Vorkommen **Wälder**, Waldränder, Heiden, Hochmoore. Auf sauren, mäßig trockenen, nährstoffarmen Böden.

Wissenswertes Der Wiesen-Wachtelweizen ist ein **Halbschmarotzer**, der Gehölzwurzeln anzapft und sich aus diesen mit Wasser und Nährstoffen versorgt. Daneben betreibt er selber Fotosynthese. Auch wenn es sein Trivialname suggeriert, so findet man ihn nicht auf Wiesen. Er ist in größeren Mengen giftig.

RÜHRMICHNICHTAN

R., EXPLODIERTE FRUCHT

GEWÖHNLICHES LEINKRAUT

WIESEN-WACHTELWEIZEN

MIMULUS GUTTATUS	J	F	M	A	M	J	J	A	S	O	N	D
						●	●	●	●	●		

Gefleckte Gauklerblume

Merkmale Staude. 30–60 cm. Blätter kreuzgegenständig, unregelmäßig gezähnt. **Rachenblüten** einzeln in Blattachseln, gelb, 2-lippig, Oberlippe 2-teilig, Mittellappen der 3-teiligen Unterlippe meist **rot gepunktet**.

Vorkommen **Gräben**, Quellen, Ufer, Sandbänke. Auf nassen, stickstoff- und basenreichen, jedoch kalkarmen Böden.

Wissenswertes Diese Gauklerblume stammt ursprünglich aus dem westlichen Nordamerika und ist bei uns zum Teil eingebürgert. So findet man sie z.B. im Schwarzwald, Rheintal, Bayerischen Wald und Harz. Ihre Narbenlappen reagieren auf Berührungen und klappen zu, wenn ein Insekt zu Besuch kommt, damit schon aufgebrachter Pollen nicht wieder verloren geht.

RHINANTHUS ANGUSTIFOLIUS	J	F	M	A	M	J	J	A	S	O	N	D
					●	●	●	●	●			

Großer Klappertopf

Merkmale Einjährig. 15–50 cm. Blätter gegenständig, lanzettlich, gezähnt, sitzend. Rachenblüten in ährenähnlichen Trauben mit **laubblattartigen Hochblättern**, gelb, 2-lippig, **Rachen fast geschlossen**, Oberlippe mit 2 blauen Zähnchen.

Vorkommen Sumpf- und **Moorwiesen**. Auf humosen, feuchten Böden.

Wissenswertes Auch der Große Klappertopf, der 2005 Blume des Jahres war, ist ein **Halbschmarotzer**, der die Wurzeln anderer Pflanzen, vor allem Gräser und Sauergräser, anzapft und sich so mit Wasser und Nährstoffen versorgt. Er trägt seinen Namen aufgrund der Kapselfrüchte, die klappern, wenn man sie im reifen Zustand schüttelt.

LAMIUM GALEOBDOLON	J	F	M	A	M	J	J	A	S	O	N	D
					●	●	●					

Echte Goldnessel

Merkmale Staude. 15–50 cm. Stängel 4-kantig. Blätter kreuzgegenständig, **brennnesselartig**. **Lippenblüten** in Scheinquirlen in oberen Blattachseln, gelb, Unterlippe 3-teilig, braun gefleckt.

Vorkommen Krautreiche **Wälder**. Auf stickstoffreichen, frischen, lockeren Böden.

Wissenswertes Die Einordnung dieser Art wird unter Fachleuten nach wie vor diskutiert. Einige stellen sie in eine eigene Gattung *Lamiastrum*, andere rechnen sie den Taubnesseln (*Lamium*) zu. Sie bildet sehr lange oberirdische Ausläufer, deren oft hell gefleckte Blätter ins Auge stechen und die an der Spitze Wurzeln bilden. Sie wird im Garten gern als Bodendecker für schattige Standorte verwendet.

GEFLECKTE GAUKLERBLUME

GROSSER KLAPPERTOPF

KLAPPERTOPF, FRÜCHTE

ECHTE GOLDNESSEL

RESEDA LUTEOLA

J	F	M	A	M	J	J	A	S	O	N	D
					●	●	●				

Färber-Wau

Merkmale Zweijährig. 50–150 cm. Blätter lanzettlich, einfach, ganzrandig, sitzend. Blüten in langen, **rutenförmigen Trauben**, gelb bis grünlich gelb.

Vorkommen **Wegränder**, Straßenränder, Ödflächen, Bahndämme. Auf nährstoff- und kalkreichen, steinigen, sandigen Böden.

Wissenswertes Wie der Trivialname schon andeutet, wurde diese Pflanze seit der Antike zum Färben von Stoffen verwendet. Daher wurde sie teilweise auch großflächig angebaut, bei uns etwa bis hinein ins 19. Jahrhundert. Sie enthält den Farbstoff Luteolin, mit dem man Seide lichtecht gelb färben kann. In Wolle und Baumwolle ist er leider nicht beständig, sondern bleicht mit der Zeit aus.

ASTRAGALUS GLYCYPHYLLOS

J	F	M	A	M	J	J	A	S	O	N	D
						●	●	●			

Süß-Tragant

Merkmale Staude. 20–70 cm. Blätter wechselständig, unpaarig gefiedert, 9–13 ovale bis elliptische Fiederblättchen. 8–25 **Schmetterlingsblüten** in dichter Traube, grünlich gelb.

Vorkommen Lichte, trockene Laubwälder, **Waldwege**, Hecken, Gebüsche. Auf basen- und stickstoffreichen, steinigen Lehmböden.

Wissenswertes Süß-Tragant wächst niederliegend kriechend und auch über andere Pflanzen hinweg. Seine Blätter und Wurzeln **schmecken süß**, worauf der Artzusatz verweist (glykys = süß, phyllon = Blatt). Ursache hierfür sind die verschiedenen enthaltenen Zucker und Glycyrrhizin. Daher ist er bei Weidetieren beliebt.

LATHYRUS PRATENSIS

J	F	M	A	M	J	J	A	S	O	N	D
					●	●	●				

Wiesen-Platterbse

Merkmale Staude. 20–90 cm. Blätter gefiedert, 1 Fiederpaar und 1 Ranke, Nebenblätter **pfeilförmig**. **Schmetterlingsblüten** in gestielten Trauben, gelb, Staubblätter röhrig verwachsen.

Vorkommen Fett-, Moor- und **Feuchtwiesen**, Waldränder. Auf nährstoffreichen Böden.

Wissenswertes Die Wiesen-Platterbse bildet bis zu 1 m lange, kantige Stängel, die sich nicht von alleine aufrecht halten können. Daher wickelt sie ihre einfachen oder verzweigten Ranken um andere Pflanzen und richtet sich so auf. Die Hülsen sind, wie der Trivialname schon verrät, platt. Die Pflanze kann bei einem kurzen Blick eventuell mit Hornklee (siehe Seite 64) verwechselt werden.

FÄRBER-WAU

SÜSS-TRAGANT

WIESEN-PLATTERBSE

W.-PLATTERBSE, HÜLSEN

LOTUS CORNICULATUS — J F M A M J J A S O N D (Blütezeit: J J A S)

Gewöhnlicher Hornklee

Merkmale Staude. 5–30 cm. Blätter unpaarig gefiedert, 5 rundliche bis lanzettliche Fiederblättchen. 3–8 **Schmetterlingsblüten** in halbkugeligen Dolden, gelb.

Vorkommen Trockenrasen, **Waldränder**, Fettwiesen. Auf kalkreichen, stickstoffarmen, warmen Lehmböden.

Wissenswertes Fahne und Schiffchen sind beim Hornklee anfangs oft rötlich überlaufen. Das Schiffchen ist vergrößert, sitzt den reifenden Hülsen noch lange auf und erinnert an ein Horn. Darauf beziehen sich sowohl der Trivialname als auch der Artzusatz, denn das lateinische corniculatus bedeutet gehörnt. Hornklee ist aufgrund der enthaltenen Glykoside giftig.

MELILOTUS OFFICINALIS — J F M A M J J A S O N D (Blütezeit: J J A S)

Echter Steinklee

Merkmale Zweijährig. 30–120 cm. Blätter wechselständig, **kleeartig** 3-teilig, Teilblättchen oval, gesägt. Schmetterlingsblüten in ährenartigen, lang gestielten Trauben, gelb, **duftend**.

Vorkommen **Wege**, Bahndämme, Ödflächen. Auf kalkreichen, mäßig trockenen, mäßig stickstoffreichen Böden.

Wissenswertes Bei den hängenden Steinkleeblüten sind die Flügel länger als das Schiffchen. Sie riechen süßlich und sind bei Bienen sehr beliebt. Das mittlere Teilblättchen ist deutlich länger gestielt als die beiden anderen. Steinklee enthält wie Waldmeister (siehe Seite 12) Cumarinverbindungen und wird medizinisch genutzt, z. B. bei nächtlichen Wadenkrämpfen oder Venenerkrankungen.

VIOLA ARVENSIS — J F M A M J J A S O N D (Blütezeit: M J J A S O)

Acker-Stiefmütterchen

Merkmale Einjährig. 5–20 cm. Blätter wechselständig, länglich, gekerbt, Nebenblätter fiedrig geteilt. 1–2 cm große Blüten mit 1 nach unten, 4 schräg nach oben gerichteten Kronblättern, meist gelb bis cremefarben, untere mit **dunklen Stricheln**.

Vorkommen Felder, **Gärten**. Auf nährstoffreichen Böden.

Wissenswertes Die Kronblätter des **duftlosen** Acker-Stiefmütterchens sind meistens hellgelb gefärbt, wobei das untere einen dunkleren gelben Fleck aufweist. Gelegentlich sind die beiden obersten aber auch violett getönt, weshalb man die Pflanze dann leicht mit dem Gewöhnlichen Stiefmütterchen (siehe Seite 128) verwechseln kann. Beide sind in der Heilkunde als Mittel gegen verschiedene Hauterkrankungen, rheumatische Beschwerden und fieberhafte Erkältungskrankheiten bekannt.

GEWÖHNLICHER HORNKLEE

ECHTER STEINKLEE

ACKER-STIEFMÜTTERCHEN

MEDICAGO LUPULINA J F M A M J J A S O N D

Hopfenklee

Merkmale Ein- bis zweijährig. 20–50 cm. Blätter wechselständig, **kleeartig** 3-teilig, mittlerer Teil länger gestielt. 10–15 kleine Schmetterlingsblüten in **kugeligen Trauben**, gelb.

Vorkommen Wiesen, **Wege**, Trockenrasen. Auf mäßig trockenen Kalk- und Lehmböden.

Wissenswertes Bei der Namensgebung des Hopfenklees standen 2 bekannte Pflanzen Pate: Während seine Blütenstände mit etwas Fantasie denen des Hopfens ähneln, erinnern seine Blätter an Klee. Das erste bestäubende Insekt löst einen Mechanismus an der Blüte aus, der die Staubblätter auf den Insektenbauch drückt.

ARNICA MONTANA J F M A M J J A S O N D

Arnika

Merkmale Staude. 20–60 cm. Stängel behaart. Lanzettliche Grundblätter in Rosette, 1–3 Paar kleinere, gegenständige Stängelblätter. **Körbchenblüten** einzeln am Stängel, goldgelb, schwach aromatisch **duftend**.

Vorkommen **Bergwiesen**, lichte Wälder, Heiden. Auf frischen, mageren, sauren, humusreichen Böden.

Wissenswertes Arnika ist eine alte **Heilpflanze**, die sehr gut bei Prellungen, Blutergüssen, Quetschungen, Insektenstichen etc. hilft. Allerdings kann sie auch Allergien auslösen und sollte aufgrund der gegebenen Vergiftungsgefahr nicht innerlich angewandt werden. Nutzen Sie am besten nur Fertigpräparate, da so bei korrekter Anwendung Vergiftungen sicher vermieden werden können.

TRAGOPOGON PRATENSIS J F M A M J J A S O N D

Wiesen-Bocksbart

Merkmale Zweijährig, Staude. 30–70 cm. Blätter wechselständig, linealisch, **stängelumfassend**. Körbchen einzeln, nur Zungenblüten, gelb. Früchte mit weißem Haarkranz. Milchsaft.

Vorkommen Wiesen, **Wegränder**. Auf nährstoffreichen Böden.

Wissenswertes Die Früchte des Wiesen-Bocksbarts sind mit einem bis zu 4 cm breiten, gestielten Haarkranz ausgestattet, der wie ein kleiner Fallschirm aussieht. Die einzelnen Härchen sind gefiedert und dadurch miteinander verbunden, so dass eine beinahe geschlossene Tragfläche entsteht. Dieser raffinierte Aufbau sorgt dafür, dass die Samen besonders gut und weit fliegen, und ist ein schönes Beispiel, wenn man Kindern die Wunder der Natur näher bringen möchte.

HOPFENKLEE

ARNIKA

WIESEN-BOCKSBART

CREPIS BIENNIS J F M A M J J A S O N D

Wiesen-Pippau

Merkmale Zweijährig. 30–120 cm. Blätter **spiralig stehend**, tief buchtig gezähnt bis fiederteilig, untere gestielt. Körbchen in Scheindolden, nur Zungenblüten, gelb. **Milchsaft**.

Vorkommen Wiesen, **Weiden**, Wege. Auf frischen, basenarmen, nährstoffreichen Böden.

Wissenswertes Die Früchte des Wiesen-Pippaus besitzen einen schneeweißen, weichen, biegsamen Haarkranz, weshalb die Fruchtstände an die bekannten »Pusteblumen« des Löwenzahns (siehe Seite 74) erinnern. Da die Pflanze ein recht hartes Heu liefert, das das Vieh überhaupt nicht mag, ist sie auf Nutzwiesen weniger beliebt.

HIERACIUM PILOSELLA J F M A M J J A S O N D

Kleines Habichtskraut

Merkmale Staude. 5–30 cm. Stark behaart. Blätter in grundständiger **Rosette**, elliptisch, **unterseits graufilzig**. Blüten in endständigen Körbchen, nur Zungenblüten, gelb. Milchsaft. Früchte bräunlich, mit einfachem, brüchigem Haarkranz.

Vorkommen **Wege**, Mauern, Trockenrasen, lichte Wälder. Auf trockenen, sauren, nährstoffarmen Böden.

Wissenswertes Das Kleine Habichtskraut bildet zahlreiche oberirdische Ausläufer mit Tochterrosetten und tritt daher oft in großen Gruppen auf. Die äußeren Zungenblüten sind meistens unterseits rot gestreift. Bei Trockenheit rollen sich die Blätter nach oben und verdunsten dank der hellen Behaarung, die das Licht reflektiert und so zu einer verminderten Erwärmung führt, weniger Wasser.

LAPSANA COMMUNIS J F M A M J J A S O N D

Rainkohl

Merkmale Einjährig, Staude. 30–100 cm. Blätter wechselständig, untere leierförmig gefiedert mit großem Endlappen, obere oval bis lanzettlich, buchtig gezähnt oder ganzrandig. Körbchen in **lockeren Rispen**, nur 8–18 Zungenblüten, gelb.

Vorkommen Felder, **Schuttplätze**, Hecken, Wälder, Gärten. Auf frischen, offenen, nährstoffreichen Böden.

Wissenswertes Rainkohl ist steif behaart und weist einen Milchsaft auf. Seine Blüten sind nur während des Vormittags bei klarem Himmel geöffnet und schließen sich mittags/nachmittags wieder. Sie können sich selber bestäuben, werden aber auch von Insekten besucht. Aus ihnen entstehen Früchte, die keinen Haarkranz aufweisen.

WIESEN-PIPPAU

KLEINES HABICHTSKRAUT

RAINKOHL

TANACETUM VULGARE

J	F	M	A	M	J	J	A	S	O	N	D
						●	●	●			

Rainfarn

Merkmale Staude. 60–130 cm. Blätter wechselständig, fiederspaltig, Abschnitte lanzettlich, gesägt. **Halbkugelige Körbchen** in Scheindolden, nur Röhrenblüten, gelb. **Kampferartiger Geruch**.

Vorkommen **Ödflächen**, Schuttplätze, Ufer, Wege, Waldränder. Auf nährstoffreichen, feuchten Böden.

Wissenswertes Rainfarn ist eine alte **Heilpflanze**, die u. a. bei Migräne, Menstruationsbeschwerden und als Wurmmittel verwendet wurde. Heute wird sie aufgrund ihrer Giftigkeit außer in der Homöopathie nicht mehr eingesetzt. Im Biogarten dienen Rainfarntee und -brühe als natürliche Pflanzenschutzmittel, z. B. gegen Grauschimmel an Erdbeeren, Möhrenfliege und Blattfallkrankheiten an Beerensträuchern.

MATRICARIA DISCOIDEA

J	F	M	A	M	J	J	A	S	O	N	D
					●	●	●				

Strahlenlose Kamille

Merkmale Einjährig. 5–25 cm. Blätter wechselständig, sehr fein 2–3-fach fiederteilig. Körbchen einzeln, **kegelförmig**, nur Röhrenblüten, gelb. Früchte ohne Haarkranz. **Intensiver Duft**.

Vorkommen Überall in **Siedlungsnähe**, Wege, Mauern, Bahndämme, Trittrasen. Auf nährstoffreichen, verdichteten Lehm- und Tonböden.

Wissenswertes Die **hohlen**, kegelförmig aufgewölbten Körbchen der Strahlenlosen Kamille weisen meist nur grünlich gelbe Röhrenblüten auf. Vereinzelt finden sich jedoch auch Blütenstände mit wenigen weißen, verkümmerten Zungenblüten. Auch wenn sie wie die Echte Kamille (siehe Seite 40) riecht, so hat diese Kamillenart doch nicht deren Heilkraft.

SENECIO VULGARIS

J	F	M	A	M	J	J	A	S	O	N	D
	●	●	●	●	●	●	●	●	●	●	

Gewöhnliches Greiskraut

Merkmale Einjährig. 10–40 cm. Blätter wechselständig, meist grob fiederspaltig, unterseits oft **weiß behaart**. Körbchen in Rispen, nur Röhrenblüten, gelb. Früchte mit **weißem Haarkranz**.

Vorkommen Felder, **Gärten**, Weinberge, Wege, Rasen, Ödflächen. Auf nährstoffreichen, frischen Böden.

Wissenswertes Der Name des Gewöhnlichen Greiskrauts rührt vom Haarkranz der Früchte her, die an ein weiß behaartes Greisenhaupt erinnern. Diese Assoziation findet sich auch beim botanischen Namen wieder, denn das lateinische senex, von dem sich *Senecio* ableitet, bedeutet nichts anderes als Greis. Die Pflanze ist giftig.

RAINFARN

STRAHLENLOSE KAMILLE

GEWÖHNLICHES GREISKRAUT

SOLIDAGO CANADENSIS J F M A M J J A S O N D

Kanadische Goldrute

Merkmale Staude. 50–250 cm. Stängel behaart, **rötlich**. Blätter wechselständig, lanzettlich. **Kleine Körbchen** in ausladenden, einseitswendig nach oben gerichteten Rispen, Zungen- und Röhrenblüten klein, fast gleich lang, gelb.

Vorkommen **Ödflächen**, Ufer. Auf stickstoffreichen Böden.

Wissenswertes Die Kanadische Goldrute breitet sich u. a. mithilfe von unterirdisch wachsenden Ausläufern aus und kann so schnell Massenbestände bilden. Sie stammt ursprünglich aus Kanada und den USA, ist bei uns mittlerweile jedoch eingebürgert. Sie wirkt harntreibend und wird entsprechend als Heiltee bei Blasen- und Nierenbeschwerden bzw. zur Vorbeugung verwendet.

SONCHUS OLERACEUS J F M A M J J A S O N D

Kohl-Gänsedistel

Merkmale Einjährig. 30–90 cm. Blätter wechselständig, etwas fiederspaltig, mit breit pfeilförmigem, geöhrtem Grund sitzend. **Körbchen rispig** angeordnet, nur Zungenblüten, gelb.

Vorkommen Felder, **Gärten**, Schuttplätze, Ödflächen. Auf nährstoffreichen Böden.

Wissenswertes Die gelben bis gelblich weißen Zungenblüten der Kohl-Gänsedistel sind außen oft rötlich gezeichnet. Ihre Früchte weisen einen weißen Haarkranz auf, der dazu beiträgt, dass sie vom Wind kilometerweit verbreitet werden. Die weichen Blätter wurden früher gegessen und schmecken jung roh tatsächlich zart und süß. Ältere sollten hingegen vor dem Verwenden besser gekocht werden.

TUSSILAGO FARFARA J F M A M J J A S O N D

Huflattich

Merkmale Staude. 5–30 cm. Stängel mit rotbraunen Schuppen. Blätter **rundlich herzförmig**, gezähnt, unterseits weißfilzig. Einzelne Körbchen mit Zungen- und Röhrenblüten, gelb. Früchte mit weißem Haarkranz.

Vorkommen Schuttplätze, Kiesgruben, Ufer, **lichte Waldstellen**. Auf feuchten, humusarmen Böden.

Wissenswertes Huflattich ist die einzige Art der Gattung *Tussilago*. Er blüht schon früh im Jahr, ohne zu diesem Zeitpunkt Blätter aufzuweisen. Diese entwickeln sich erst nach der Blüte grundständig und sind an den Spitzen der Zähne schwarz gefärbt. Präparate aus Huflattich wirken bei Husten und Heiserkeit. Man sollte die Pflanze jedoch nicht selbst sammeln, da sie auch Giftstoffe enthält.

KANADISCHE GOLDRUTE

KOHL-GÄNSEDISTEL

HUFLATTICH

HUFLATTICH, BLÄTTER

LEONTODON AUTUMNALIS J F M A M J J A S O N D

Herbst-Löwenzahn

Merkmale Staude. 15–50 cm. Stängel **gabelig verzweigt**. Blätter schmal länglich, tief gezähnt bis fiederteilig. Körbchen einzeln am Ende der Äste, nur Zungenblüten, gelb. Milchsaft.

Vorkommen Wiesen, Zierrasen, **Wege**. Auf verdichteten, nährstoffreichen Lehm- und Tonböden.

Wissenswertes Die Blätter bilden eine grundständige Rosette, während am Stängel lediglich zahlreiche kleine Blattschuppen vorhanden sind. Ihrer auffallenden Blattform sowie der Blütezeit verdankt die Pflanze ihren wissenschaftlichen und deutschen Namen. Die äußeren Zungenblüten sind unterseits rot gestreift, die Früchte weisen einen fedrigen Haarkranz auf.

TARAXACUM OFFICINALE J F M A M J J A S O N D

Gewöhnlicher Löwenzahn

Merkmale Staude. 5–50 cm. Pfahlwurzel. Stängel hohl. Blätter in grundständiger Rosette, lanzettlich, **buchtig eingeschnitten**, grob gesägt oder gezähnt. Körbchen einzeln, nur Zungenblüten, gelb. Früchte mit weißem, rauem Haarkranz. Milchsaft.

Vorkommen Fettwiesen und -weiden, Felder, **Gärten**, Wälder. Auf frischen, nährstoffreichen Böden.

Wissenswertes Löwenzahn ist sehr vielgestaltig und wird von den Botanikern immer wieder in neue Sammelarten bzw. Sektionen eingeteilt. Kinder lieben die Pusteblumen genannten Samenstände, deren Samen sich zumeist ohne vorherige Befruchtung bilden. Löwenzahn ist ein schmackhaftes Wildgemüse sowie eine bewährte Heilpflanze, die man z. B. bei Appetitmangel und Verdauungsproblemen einsetzt.

ARTEMISIA VULGARIS J F M A M J J A S O N D

Gewöhnlicher Beifuß

Merkmale Staude. 50–150 cm. Stängel oft rot. Blätter wechselständig, fiederteilig, tief gezähnt, oberseits dunkelgrün, unterseits grau bis weiß behaart. Kleine Korbblüten in Trauben, **nur Röhrenblüten**, bräunlich gelb. Schwach aromatisch riechend.

Vorkommen Ödflächen, **Wegränder**, Ufer, Schuttplätze. Auf stickstoffreichen, frischen Böden.

Wissenswertes Licht und Schatten liegen oft nah beieinander, so auch beim Gewöhnlichen Beifuß. Denn einerseits wird er wegen seiner appetitanregenden, verdauungsfördernden Wirkung als Würzkraut geschätzt, andererseits ist er ein starker Auslöser von **Pollenallergien** und bei heuschnupfengeplagten Menschen sehr unbeliebt.

HERBST-LÖWENZAHN

GEW. LÖWENZAHN

LÖWENZ., SAMENSTÄNDE

GEWÖHNLICHER BEIFUSS

PAPAVER RHOEAS

J	F	M	A	M	J	J	A	S	O	N	D
				●	●	●					

Klatsch-Mohn

Merkmale Einjährig. 20–90 cm. **Borstig behaart**. Blätter wechselständig, fiederteilig, Abschnitte gezähnt. Blüten einzeln, rot, oft **schwarzer Fleck** in der Mitte. 4-zählig. **Milchsaft**.

Vorkommen Brachen, Ödflächen, Wege, **Felder**, Böschungen. Auf nährstoff- und basenreichen Böden.

Wissenswertes Klatsch-Mohn bildet eine typische Kapselfrucht, die kleine schwarze, essbare Samen enthält. Die getrockneten Kronblätter werden Teemischungen zugefügt, um diese mit ihrer Farbe zu verschönern. Die Pflanze enthält keine Opiumalkaloide und wird mittlerweile auch nicht mehr medizinisch genutzt. Im Garten ist Klatsch-Mohn besonders für naturnahe Bereiche und Blumenwiesen beliebt.

CAKILE MARITIMA

J	F	M	A	M	J	J	A	S	O	N	D
						●	●	●	●		

Meersenf

Merkmale Einjährig. 10–30 cm. Blätter wechselständig, **fleischig**, ungeteilt bis 2-fach fiederspaltig. Blüten in **Trauben**, klein, rosa, lila oder weiß, 4-zählig. Frucht 2-teilige Schote.

Vorkommen Nord- und Ostseeküste. Auf stickstoff- und salzreichen Sandböden.

Wissenswertes Meersenf wächst im **Spülsaum** von Nord- und Ostsee auf salzigen Sandböden. Mithilfe seiner dickfleischigen, graugrünen Blätter ist er in der Lage, Süßwasser zu speichern. Er ist eine Pionierpflanze auf jungen Dünen und trägt, obwohl nur einjährig, zu ihrer Entstehung und Förderung bei.

CARDAMINE PRATENSIS

J	F	M	A	M	J	J	A	S	O	N	D
			●	●	●						

Wiesen-Schaumkraut

Merkmale Staude. 15–50 cm. Grundblätter in **Rosette**, unpaarig gefiedert, mit großen Fiedern, Stängelblätter wechselständig, mit schmaleren Fiedern. Blüten in **doldigen Trauben**, zartrosa, violett oder weiß, 4-zählig.

Vorkommen Wälder, Ufer, **Wiesen**, Weiden, Flachmoore. Auf feuchten, nährstoffreichen Böden.

Wissenswertes Das Wiesen-Schaumkraut wurde 2006 zur Blume des Jahres gewählt. An ihm finden sich oft speichelähnliche **Schaumhäufchen**, in denen die Larven der Schaumzikade geschützt vor Fraßfeinden leben. Seine Blüten sind nektarreich und bei vielen Insekten wie dem Aurorafalter beliebt. Dessen Raupen ernähren sich u. a. von den Blüten und Fruchtständen des Wiesen-Schaumkrauts. Liegen die Blätter der Grundrosette dem feuchten Boden auf, so können sich an ihnen Brutpflanzen bilden.

KLATSCH-MOHN

KLATSCH-MOHN, FRÜCHTE

MEERSENF

WIESEN-SCHAUMKRAUT

RUMEX ACETOSA J F M A M J J A S O N D

Großer Sauerampfer

Merkmale Staude. 30–100 cm. Blätter wechselständig, **pfeilförmig**, spießförmiger Blattgrund, obere stängelumfassend, untere gestielt. Blüten in **Rispen**, **winzig**, rot. Rote Nussfrüchte.

Vorkommen **Wiesen**, Weiden, Wege, Ufer. Auf feuchten, nährstoffreichen, humosen Böden.

Wissenswertes Der Große Sauerampfer ist **2-häusig**, d.h., männliche und weibliche Blüten stehen an verschiedenen Pflanzen. Die Blätter schmecken sauer und eignen sich hervorragend als Suppenzutat. Roh sollte man sie aufgrund des Oxalsäuregehalts besser nicht zu sich nehmen; generell ist auch vom Verzehr größerer Mengen abzuraten, besonders wenn man zur Bildung von Nierensteinen neigt.

EPILOBIUM ANGUSTIFOLIUM J F M A M J J A S O N D

Schmalblättriges Weidenröschen

Merkmale Staude. 50–180 cm. Blätter wechselständig, lanzettlich, schmal, oberseits dunkelgrün, **unterseits blaugrün**. Blüten in lockeren **Trauben**, dunkelrosa, 4-zählig. Kapselfrüchte.

Vorkommen Wälder, Waldränder, **Kahlschläge**, Gebüsche, Waldlichtungen. Auf frischen, nährstoffreichen Böden.

Wissenswertes Die Blüten öffnen sich an der Traube von unten nach oben, wodurch eine Selbstbestäubung vermieden wird, da die Blüten zunächst nur männlich und erst am nächsten Tag weiblich sind. Die Kapselfrüchte enthalten zahlreiche Samen, die einen langen Haarschopf tragen und mit dem Wind kilometerweit transportiert werden. Das Schmalblättrige Weidenröschen wird bei gutartigen Prostatavergrößerungen sowie bei Atemwegsbeschwerden eingesetzt.

VALERIANA OFFICINALIS J F M A M J J A S O N D

Echter Arznei-Baldrian

Merkmale Staude. 70–170 cm. Blätter gegenständig, unpaarig gefiedert, viele schmale, gezähnte Fiedern. Blüten in schirmförmigen bis halbkugeligen **Scheindolden**, zartrosa, 5-zählig.

Vorkommen Nasswiesen, nasse Wälder, **Ufer**. Auf feuchten bis nassen, basenreichen Böden.

Wissenswertes Der Geruch der getrockneten Wurzeln zieht **Kater** magisch an, da er dem läufiger Katzen ähnelt. Die dicken Wurzeln enthalten darüber hinaus krampfstillende sowie beruhigende Substanzen, die schon lange geschätzt und medizinisch genutzt werden. Die Homöopathie schätzt Arznei-Baldrian auch als Mittel gegen Ischiasschmerzen.

GROSSER SAUERAMPFER

S. WEIDENRÖSCHEN

S. WEIDENR., FRÜCHTE

ECHTER ARZNEI-BALDRIAN

ARMERIA MARITIMA J F M A M J J A S O N D

Gewöhnliche Grasnelke

Merkmale Staude. 10–30 cm. Blätter in Grundrosette, linealisch, **grasartig**, bleichgrün. Blüten in kopfiger, **dicker Scheindolde** am Ende eines blattlosen Stängels, rosa, 5-zählig.

Vorkommen Salz- und **Strandwiesen** an der Küste, Waldsäume. Auf kalkarmen, sandigen bzw. steinigen Böden.

Wissenswertes Die Grasnelke ist eine sogenannte Sammelart, d.h., es existieren verschiedene, regional heimische Kleinarten, die sich in ihrem Aussehen nur geringfügig voneinander unterscheiden, aber teils unterschiedliche Standortansprüche haben. Eine von diesen Unterarten ist sogar in den Alpen zu finden. Im Garten schätzt man die Grasnelke als genügsame Pflanze für Stein- und Hausgärten. Sie macht sich aber auch in Pflasterfugen sehr gut.

SEDUM TELEPHIUM J F M A M J J A S O N D

Rote Fetthenne

Merkmale Staude. 30–60 cm. Blätter meist wechselständig, oval, flach, **fleischig**, ungleich gezähnt, sitzend. Blüten in dichten **Doldentrauben**, rotviolett, grünlich gelb bzw. weißlich, 5-zählig.

Vorkommen Wege, Waldlichtungen, **Steinschutt**. Auf basenarmen, sandigen, meist steinigen Böden.

Wissenswertes Je nachdem, welche Unterart man vor sich hat, können die Blüten dieser völlig unbehaarten Fetthenne rotviolett, grünlich gelb oder weißlich gefärbt sein. Alle Stängel, die gebildet werden, entwickeln auch Blütenstände. Die dickfleischigen Blätter können viel Wasser speichern. Gärtner lieben diese Fetthenne aufgrund ihrer herbstlichen Blüte. Sie eignet sich vor allem für Stein- oder Naturgärten sowie für die Dachbegrünung.

CENTAURIUM ERYTHRAEA J F M A M J J A S O N D

Echtes Tausendgüldenkraut

Merkmale Ein- bis zweijährig. 10–30 cm. **Stängel 4-kantig**, Grundblätter in Rosette, Stängelblätter kreuzgegenständig, länglich oval. Blüten in **flacher Scheindolde**, rosa, 5-zählig.

Vorkommen Trockene Gebüsche, **Waldlichtungen**, Trockenrasen. Auf frischen, basenreichen Böden.

Wissenswertes Bei dieser Art standen die rosa Blüten bei der Wahl des botanischen Namens Pate, denn das griechische erythraios bedeutet rötlich. Die **Bitterstoffe**, die das Tausendgüldenkraut enthält, nutzt man zur Verdauungsförderung, z.B. in Form einer Teemischung oder eines alkoholischen Auszugs. Man findet es auch als Bestandteil von Bitterschnäpsen.

GEWÖHNLICHE GRASNELKE

ROTE FETTHENNE

ECHTES TAUSENDGÜLDENKRAUT

PRIMULA FARINOSA — J F M A M J J A S O N D (Blüte: M J J)

Mehl-Schlüsselblume

Merkmale Staude. 10–30 cm. Blätter in Grundrosette, unterseits **mehlig bestäubt**. Blüten doldig allseitswendig auf blattlosem Stiel, purpurrosa bis rotlila, 5-zählig, leicht duftend.

Vorkommen Flachmoore, moorige Wiesen, steinige Alpenrasen. Auf kalkhaltigen, stickstoffarmen, feuchtnassen Böden.

Wissenswertes Die seltene, geschützte Mehl-Schlüsselblume trägt im Blütenschlund einen **gelben Ring**, der den blütenbesuchenden Insekten, vor allem Tagfalter und Hummeln, als Wegweiser zum Nektar dient. Der namensgebende mehlige Belag (farinosus = mehlig) auf Blättern und Kelchen wird von Drüsen abgesondert.

MALVA SYLVESTRIS — J F M A M J J A S O N D (Blüte: J J A S)

Wilde Malve

Merkmale Ein- bis zweijährig. 40–120 cm. Blätter wechselständig, **untere herzförmig**, leicht gelappt, **obere 3–7-teilig**. Blüten zu 2–6 in Blattachseln, rosa bis violett, 5-zählig.

Vorkommen **Schuttplätze**, Felder, Wege, Gebüsche. Auf warmen, stickstoffreichen Böden.

Wissenswertes Die Kronblätter der Wilden Malve weisen auffällige **dunklere Streifen** auf und umgeben zahlreiche Staubblätter, die am Grund zu einer Säule verwachsen sind. Auf diese Weise bilden die Staubblätter eine Röhre um Fruchtknoten und Griffel. Die Pflanze enthält Schleimstoffe und wird bei Schleimhautentzundungen sowie Reizungen des Mund- und Rachenraums eingesetzt.

ANAGALLIS ARVENSIS — J F M A M J J A S O N D (Blüte: J J A S O)

Roter Gauchheil

Merkmale Einjährig. 10–25 cm. Stängel 4-kantig. Blätter gegenständig, oval, sitzend. Blüten einzeln in Blattachseln, **gestielt**, ziegelrot, 5-zählig.

Vorkommen **Schuttplätze**, Felder, Weinberge, Gärten. Auf stickstoff- und basenreichen Lehmböden.

Wissenswertes Auf der Blattunterseite sitzen Drüsen, die als dunkle Punkte in Erscheinung treten. Die Blüten sind zumeist ziegelrot gefärbt, können manchmal aber auch rosa oder sogar blau getönt sein. Der Rote Gauchheil wird, da er u.a. auf Feldern und Äckern anzutreffen ist, auch **Acker-Gauchheil** genannt. Er ist eine alte **Heilpflanze**, die heutzutage nur noch in der Homöopathie verwendet wird, z.B. bei Erschöpfungszuständen. Die Pflanze ist giftig.

MEHL-SCHLÜSSELBLUME

WILDE MALVE

ROTER GAUCHHEIL

AGROSTEMMA GITHAGO J F M A M J J A S O N D

Kornrade

Merkmale Einjährig. 50–100 cm. **Grau filzig behaart**. Blätter gegenständig, lanzettlich. Blüten einzeln oder zu 2–4, lang gestielt, purpurrot, 5-zählig, röhrig verwachsen.

Vorkommen **Getreidefelder**. Auf nährstoffreichen, trockenen Böden.

Wissenswertes Durch den starken Herbizideinsatz sowie die Saatgutreinigung ist die Kornrade mittlerweile sehr selten geworden und wurde daher zur Blume des Jahres 2003 gewählt. Früher war sie häufig auf Getreidefeldern zu finden, wo sie jedes Jahr erneut mit dem Getreide ausgesät wurde. Das war nicht ganz ungefährlich, da die Samen giftig sind und es nur schwer auszuschließen war, dass keine Samen zusammen mit den Getreidekörnern zu Mehl verarbeitet wurden. Die schmalen, grünen Kelchblätter sind länger als die Kronblätter.

DIANTHUS CARTHUSIANORUM J F M A M J J A S O N D

Gewöhnliche Karthäuser-Nelke

Merkmale Staude. 10–50 cm. Stängelblätter gegenständig, linealisch. 5–10 Blüten in endständigen Büscheln, Kronblätter grob gezähnt, dunkelrosa bis purpurrot, 5-zählig, duftend.

Vorkommen Trockenwälder, **Halbtrockenrasen**. Auf trockenen, stickstoffarmen, kalkreichen Lehm- und Lössböden.

Wissenswertes Die Blütenkelche der Karthäuser-Nelke weisen am Grund braune, schuppige Hochblätter auf, die kürzer als die Kelche sind. Sie eignet sich gut für Steingarten oder Trockenmauern, wo sie sich selbst versamt und bei geeignetem Standort sehr pflegeleicht ist. Ihr Name nimmt vermutlich auf die Karthäusermönche Bezug, die sie vielfach in ihren Gärten angepflanzt haben.

DIANTHUS DELTOIDES J F M A M J J A S O N D

Heide-Nelke

Merkmale Staude. 10–35 cm. Stängelblätter gegenständig, linealisch. Blüten meist einzeln, Kronblätter vorne gezähnt, dunkelrosa, **weiß gepunktet**, 5-zählig, am Schlund behaart.

Vorkommen Halbtrockenrasen, Heiden, **sandige Böschungen**. Auf trockenen, kalkarmen, stickstoffreichen, sandigen Böden.

Wissenswertes Die Heide-Nelke bildet zahlreiche kriechende Triebe, an deren Spitzen die Blätter gehäuft stehen und die keine Blüten tragen. Sie kann dichte Rasen bilden und eignet sich auch gut für den Garten, wenn man ihr dort einen kalkarmen, warmen Standort bieten kann.

KORNRADE

GEWÖHNLICHE KARTHÄUSER-NELKE

HEIDE-NELKE

SAPONARIA OFFICINALIS J F M A M J J A S O N D

Gewöhnliches Seifenkraut

Merkmale Staude. 30–60 cm. Blätter gegenständig, lanzettlich, 3-nervig. Blüten zu 3–5 in dichten, endständigen Büscheln, rosa oder weiß, 5-zählig, röhrig, **duftend**.

Vorkommen **Ödflächen**, Ufer, Wegränder, Böschungen. Auf lockeren, frischen bis feuchten, sandigen oder kiesigen Böden.

Wissenswertes Zerreibt man die Blätter des Seifenkrauts im Wasser, entsteht ein Schaum, den man früher als Waschmittel verwendet hat. Ursache hierfür sind die besonders in den Rhizomen reichlich enthaltenen **Saponine**. Die Blüten duften nachts und werden von Nachtfaltern bestäubt. Seifenkraut wird zwar medizinisch genutzt, z.B. in der Volksheilkunde bei rheumatischen Beschwerden, kann jedoch in größeren Mengen die Magenschleimhäute reizen und zu Erbrechen führen.

SILENE DIOICA J F M A M J J A S O N D

Rote Lichtnelke

Merkmale Zweijährig, Staude. 30–60 cm. **Drüsig behaart**. Blätter gegenständig, schmal oval. 2-häusige Blüten in **lockeren Büscheln**, dunkelrosa, 5-zählig, Kronblätter tief 2-geteilt.

Vorkommen Feuchtwiesen, **Wälder**, Gebüsche. Auf kalk- und nährstoffreichen, feuchten Böden.

Wissenswertes Bei dieser Lichtnelke treten neben rein männlichen und rein weiblichen auch manchmal zwittrige Blüten auf. Während die männlichen Blüten einen schlanken Kelch mit 10 Nerven aufweisen, ist der der weiblichen bauchig aufgeblasen und 20-nervig, so dass man sie gut unterscheiden kann. Sowohl männliche als auch weibliche Blüten enthalten Nektar und werden von Tagfaltern und langrüsseligen Hummeln angeflogen. Die Samenkapseln weisen 10 zurückgerollte Zähne auf.

SILENE FLOS-CUCULI J F M A M J J A S O N D

Kuckucks-Lichtnelke

Merkmale Staude. 30–60 cm. **Rau behaart**. Stängelblätter gegenständig, linealisch. Blüten in gabeligen Blütenständen, rosa, 5-teilig, **Kronblätter tief in 4 schmale Zipfel geschlitzt.**

Vorkommen Nasse bis wechselfeuchte **Wiesen**, Sümpfe, Moore. Auf nassen bis feuchten, mäßig stickstoffreichen Böden.

Wissenswertes Die Kuckucks-Lichtnelke wird von manchen Botanikern in die eigene Gattung *Lychnis* gestellt und heißt dann *Lychnis flos-cuculi*. An ihr sind wie beim Wiesen-Schaumkraut (siehe Seite 76) oft die auffälligen Schaumhäufchen der Schaumzikade zu finden, die auch Kuckucksspeichel genannt werden.

GEWÖHNLICHES SEIFENKRAUT

ROTE LICHTNELKE

KUCKUCKS-LICHTNELKE

GERANIUM ROBERTIANUM J F M A M J J A S O N D

Ruprechtskraut

Merkmale Einjährig. 10–50 cm. **Stängel rot überlaufen**, behaart. Stängelblätter gegenständig, 3-teilig, Teilblättchen fiederschnittig gelappt. Blüten meist zu 2 in Blattachseln, rosa bis purpurn mit weißen Streifen, 5-zählig.

Vorkommen **Laub- und Nadelwälder**, Steinbrüche, Mauern. Feuchte, nährstoffreiche Böden.

Wissenswertes Das Ruprechtskraut wird auch **Stink-Storchschnabel** genannt, und das zu Recht. Denn seine drüsigen Haare enthalten ein ätherisches Öl, dessen **Geruch** an den eines Ziegenbocks erinnert. Die Pflanze wurde früher medizinisch genutzt, z. B. bei Durchfällen.

GERANIUM SANGUINEUM J F M A M J J A S O N D

Blutroter Storchschnabel

Merkmale Staude. 20–60 cm. Stängelblätter gegenständig, fast bis zur Basis tief 7-teilig, **im Herbst rot**. Blüten einzeln in oberen Blattachseln, karminrot, 5-zählig, lang gestielt.

Vorkommen Trockenrasen, Trockenwälder, **Böschungen**, Hänge. Auf mageren, trockenen, kalkreichen Böden.

Wissenswertes Storchschnäbel verdanken ihren Namen der Form ihrer Früchte, die reif entfernt wie ein Storchen- bzw. Kranichkopf inklusive Schnabel wirken. Der Blutrote Storchschnabel war 2001 Blume des Jahres und ist vielfach auch als Zierpflanze in Gärten zu finden. Er enthält in seinem Rhizom blutstillend wirkende Gerbstoffe.

SYMPHYTUM OFFICINALE J F M A M J J A S O N D

Arznei-Beinwell

Merkmale Staude. 30–100 cm. Blätter gegenständig, lanzettlich, deutlich **am Stängel herablaufend**. Blütenstand scheindoldig, **nickend**, glockig, rotviolett, schmutzig rosa oder cremefarben.

Vorkommen Wegränder, **Gräben**, Ufer, Wiesen. Auf feuchten bis nassen, nährstoffreichen Böden.

Wissenswertes Der hier beschriebene rau behaarte Arznei-Beinwell (*S. o.* ssp. *officinale*) ist eine Unterart des Gewöhnlichen Beiwells (*S. officinale*) und wird schon lange in Form von Umschlägen oder Salben bei Knochenbrüchen, Knochenhautentzündungen, Zerrungen und Prellungen eingesetzt, allerdings nur auf der unverletzten Haut. Wen wundert es da, dass sich der Gattungsname vom griechischen symphytos = zusammengewachsen, zugeheilt ableitet. Seine Blütenstände sind vor dem Aufblühen charakteristisch **eingerollt**.

RUPRECHTSKRAUT

B. STORCHSCHNABEL

B. STORCHSCHN., FRÜCHTE

ARZNEI-BEINWELL

COLCHICUM AUTUMNALE J F M A M J J A S O N D

Herbst-Zeitlose

Merkmale Staude. 5–10 cm. Meist 3 Blätter, breit lanzettlich, etwas fleischig. Blüten einzeln, sichtbar **bis zu 20 cm lang**, rosa bis violett, 6-zählig, Kronblätter am Grund zu Röhre verwachsen.

Vorkommen Wechselfeuchte **Wiesen**, feuchte Wälder. Auf dichten, nährstoffreichen, wechselfeuchten Böden.

Wissenswertes Die Herbst-Zeitlose öffnet ihre krokusähnliche Blüte im Herbst, ohne dabei Blätter zu bilden. Diese erscheinen erst im nächsten Frühjahr und umhüllen die Fruchtkapsel, deren Samen im Verlauf des Jahres ausreifen. Die gesamte Pflanze ist überaus giftig (Giftstoff Colchicin). Da die Blätter mit denen des schmackhaften Bär-Lauchs (siehe Seite 22) verwechselt werden können, ist beim Bär-Lauch-Sammeln Vorsicht geboten.

LILIUM MARTAGON J F M A M J J A S O N D

Türkenbund-Lilie

Merkmale Staude. 30–100 cm. **Stängel rötlich gemustert**. Blätter lanzettlich, untere quirlständig, obere wechselständig. Blüten in lockeren Trauben, fleischfarben, **dunkel gepunktet**, nickend, 6-zählig, Kronblätter zurückgerollt, **duftend**.

Vorkommen Laub- und Nadelmischwälder, **Bergwiesen**. Auf nährstoffreichen, kalkhaltigen, frischen Böden.

Wissenswertes Die Blüten ziehen mit ihrem schweren abendlichen Duft Nachtfalter an, die die Bestäubung übernehmen. Da diese auf den zurückgerollten Kronblättern nicht landen können, müssen sie den Nektar wie Kolibris im Flug saugen. Die Türkenbund-Lilie ist in der freien Natur mittlerweile sehr selten geworden, kann allerdings im Garten ohne große Probleme kultiviert werden.

LYTHRUM SALICARIA J F M A M J J A S O N D

Blut-Weiderich

Merkmale Staude. 50–150 cm. **Behaart**. Stängel 4-kantig. Blätter lanzettlich, am Grund herzförmig abgerundet. Blüten in ährenartigen **Trauben**, rotviolett, 6-zählig.

Vorkommen Ufer, **Gräben**, Flachmoore. Auf staunassen Böden.

Wissenswertes Die Blätter stehen normalerweise gegenständig oder zu 3 in Quirlen. Manchmal wachsen die oberen Blätter jedoch auch wechselständig. Die auftretenden 3 verschiedenen Blütentypen haben unterschiedlich lange Griffel und Staubblätter, wodurch eine Selbstbestäubung verhindert wird. Die Pflanze enthält medizinisch nutzbare Stoffe, z.B. Gerbstoffe, und wird u.a. bei Durchfallerkrankungen verwendet.

HERBST-ZEITLOSE

H.-ZEITL., FRUCHTKAPSEL

TÜRKENBUND-LILIE

BLUT-WEIDERICH

IMPATIENS GLANDULIFERA J F M A M J J A S O N D

Drüsiges Springkraut

Merkmale Einjährig. 50–250 cm. Blätter gegenständig oder zu 3–5 in Quirlen, lanzettlich, scharf gesägt bis gezähnt. 5–20 Blüten in Trauben, rosa, kurzer, grünlicher, **gekrümmter Sporn**, **duftend**.

Vorkommen Ufer, Au- und **feuchte Wälder**, Gräben. Auf feuchten, stickstoffreichen Böden.

Wissenswertes Die Blattstiele und unteren Blatthälften sind mit rot gestielten Nektardrüsen besetzt, die diesem Springkraut seinen Namen gaben. Es stammt ursprünglich aus dem Himalaja, wurde zunächst in Gärten gepflanzt und breitet sich inzwischen, aus diesen verwildernd, in der Natur immer stärker aus. Mittlerweile verdrängt es dabei sogar heimische Arten.

DIGITALIS PURPUREA J F M A M J J A S O N D

Roter Fingerhut

Merkmale Zweijährig, Staude. 50–150 cm. Grundständige Rosette, Stängelblätter wechselständig, lanzettlich, unterseits graufilzig. Blüten in **einseitswendigen Trauben**, hellrosa bis purpurn, **im Schlund gefleckt**, glockig.

Vorkommen **Kahlschläge**, Waldlichtungen. Auf leicht sauren, frischen Böden.

Wissenswertes Die Blüten weisen feine Haare sowie ganz typische dunkelrote Punkte im Schlund auf, die zumeist weiß umrandet sind. Der Rote Fingerhut ist zwar sehr giftig, jedoch sind die enthaltenen Glykoside sehr gut bei Herzschwäche wirksam. Er ist eine beliebte Gartenpflanze für den Halbschatten.

CORYDALIS CAVA J F M A M J J A S O N D

Hohler Lerchensporn

Merkmale Staude. 10–35 cm. **Hohle Knolle**. 2 doppelt 3-teilige Blätter. 10–20 Blüten in endständigen Trauben, in Achseln von ovalen, ganzrandigen Tragblättern, purpurn, weiß, gespornt.

Vorkommen Auwälder, **Laubwälder**. Auf tiefgründigen, feuchten, nährstoffreichen Böden.

Wissenswertes Der lange Sporn der 2-lippigen Blüten ist nach unten gebogen. In einem Bestand können sowohl weiß als auch purpurn blühende Pflanzen vorkommen, jedoch sind die weißen seltener. Die schwarzen Samen weisen ein weißes Anhängsel auf, das von Ameisen gefressen wird, die die Samen verbreiten. Die hohle Knolle inspirierte die Namensgeber bei der Wahl des Artzusatzes, der sich vom lateinischen cavus = hohl ableitet. Der Hohle Lerchensporn ist giftig.

DRÜSIGES SPRINGKRAUT

ROTER FINGERHUT

ROTER FINGERHUT

HOHLER LERCHENSPORN

FUMARIA OFFICINALIS

J	F	M	A	M	J	J	A	S	O	N	D
				●	●	●	●	●	●		

Gewöhnlicher Erdrauch

Merkmale Einjährig. 10–30 cm. Blätter wechselständig, doppelt 3-teilig gefiedert, **graugrün**. Blüten in Trauben, rosa, **schwarzrote Spitze**, auf Oberlippe grünlich, 2-lippig, gespornt.

Vorkommen Gärten, Felder, **Ödflächen**, Weinberge. Auf lehmigen, nährstoffreichen Böden.

Wissenswertes Das Kraut des Gewöhnlichen Erdrauchs wird schon seit der Antike bei krampfartigen Gallenbeschwerden verwendet, da es sowohl krampflösend als auch gallenflussregulierend wirkt. Auch bei Schuppenflechte und Ekzemen konnte mittlerweile eine positive Wirkung seiner Inhaltsstoffe festgestellt werden.

GALEOPSIS TETRAHIT

J	F	M	A	M	J	J	A	S	O	N	D
					●	●	●	●	●		

Gewöhnlicher Hohlzahn

Merkmale Einjährig. 10–70 cm. **Rau behaart**. Blätter **kreuzgegenständig**, oval-lanzettlich, stumpf gezähnt. Lippenblüten in Scheinquirlen, rosaviolett, Unterlippe violett-gelb gezeichnet.

Vorkommen Ödflächen, Felder, **Wege**, Waldlichtungen. Auf lockeren, stickstoffreichen, trockenen bis feuchten Böden.

Wissenswertes Der Blütenkelch ist mit 5 stachelig begrannten Zähnen besetzt, anhand derer die bestäubenden Insekten zur Blüte geleitet werden. Die Oberlippe ist helmförmig ausgebildet, die Unterlippe hingegen am Schlund beiderseits kegelförmig aufgewölbt, was zu hohlen Höckern bzw. »Zähnen« führt – daher der Trivialname. Die Stängel sind an den Knoten deutlich verdickt.

LAMIUM MACULATUM

J	F	M	A	M	J	J	A	S	O	N	D
			●	●	●	●	●	●	●	●	

Gefleckte Taubnessel

Merkmale Staude. 15–60 cm. Stängel 4-kantig. Blätter kreuzgegenständig, 3-eckig bis oval, stumpf gezähnt. **Lippenblüten** in Scheinquirlen, karminrot, Unterlippe heller, rot gefleckt.

Vorkommen Gräben, **Wälder**, Böschungen, Ödflächen. Auf nährstoffreichen, eher feuchten, humosen Böden.

Wissenswertes Diese Taubnessel sieht der einjährigen Roten Taubnessel (*L. purpureum*) sehr ähnlich, jedoch bleibt diese mit 10–30 cm deutlich kleiner und ist auf der Unterlippe nur undeutlich gezeichnet. Die Gefleckte Taubnessel liebt halbschattige Standorte, die Rote Taubnessel meidet Schatten. An den tief in der Blüte verborgenen Nektar gelangen nur langrüsselige Hummeln. Kurzrüsselige Hummeln stehlen den Nektar, indem sie ein Loch in die Blüte beißen.

GEWÖHNLICHER ERDRAUCH

GEWÖHNLICHER HOHLZAHN

GEFLECKTE TAUBNESSEL

ORIGANUM VULGARE

J	F	M	A	M	J	J	A	S	O	N	D
						●	●	●			

Dost

Merkmale Staude. 20–60 cm. **Weichhaarig**. Stängel rot überlaufen. Blätter gegenständig, oval, meist ganzrandig. Lippenblüten in kopfigen Blütenständen, rosa, rötlich oder weiß. **Würziger Duft**.

Vorkommen Hänge, Böschungen, **Trockenrasen**. Auf kalkigen, stickstoffarmen, mäßig trockenen Böden.

Wissenswertes Die Blätter sind auf der Unterseite drüsig punktiert. Der Nektar der Blüten, von der jede in der Achsel eines purpurnen, kleinen Tragblatts steht, enthält rund 76 % Zucker, weshalb er bei Bienen und Schmetterlingen sehr beliebt ist. **Oregano**, wie Dost auch genannt wird, ist ein **Gewürzkraut**, das appetitanregend und verdauungsfördernd wirkt.

STACHYS SYLVATICA

J	F	M	A	M	J	J	A	S	O	N	D
					●	●	●	●			

Wald-Ziest

Merkmale Staude. 30–120 cm. Rau behaart. Blätter kreuzgegenständig, gestielt, schmal herzförmig, gezähnt. **Lippenblüten** in Scheinquirlen, weinrot, Unterlippe mit weißer Zeichnung.

Vorkommen Ufer, Wälder, **Wiesenwege**. Auf nährstoffreichen, feuchten bis nassen Böden.

Wissenswertes Der Wald-Ziest, der an schattigen bis halbschattigen Standorten zu finden ist, riecht leicht unangenehm und bildet lange unterirdische Ausläufer. Seine Blüten, die sich selbst bestäuben können, stehen meistens zu 6 in übereinanderliegenden quirlartigen Teilblütenständen, die zusammen einen lockeren, ährenartigen Blütenstand bilden. Dieser stand Pate bei der Namenswahl, denn das griechische stachys bedeutet Ähre.

THYMUS PULEGIOIDES

J	F	M	A	M	J	J	A	S	O	N	D
				●	●	●	●	●	●		

Feld-Thymian

Merkmale Halbstrauch. 5–40 cm. **Kriechend**. Stängel 4-kantig. Blätter gegenständig, klein, oval, etwa alle gleich groß, immergrün. **Lippenblüten** in kopfigen, dichten Blütenständen, purpurrosa. **Aromatischer Duft**.

Vorkommen Magerrasen, Wege, Felsen, Böschungen, Heiden, **Ameisenhaufen**. Auf kalkarmen, steinigen, mageren Böden.

Wissenswertes Feld-Thymian ist ein **Halbstrauch**, d. h., er verholzt im unteren Bereich. Die 4-kantigen Stängel tragen an den Kanten Haare. Unterhalb der kugeligen Blütenstände kann teilweise noch ein weiterer Quirl stehen, der etwas abgesetzt ist. Die Früchte werden von Ameisen in ihren Bau geschleppt, wo die Samen auch keimen.

DOST

WALD-ZIEST

FELD-THYMIAN

DACTYLORHIZA MACULATA J F M A M J J A S O N D

Geflecktes Knabenkraut

Merkmale Staude. 20–60 cm. Stängel markig, mit 5–10 Blättern, lanzettlich, dunkel gefleckt. **Pyramidenförmige Blütenähre**, rosa, dunklere Zeichnung auf der Lippe, gespornt.

Vorkommen Magerrasen, **lichte Wälder**, Moore. Auf wechselfeuchten, kalk- und nährstoffarmen Böden.

Wissenswertes Die Blüten diese **Orchidee** können hell- bis tiefrosa gefärbt sein, wobei die schwach 3-lappige Lippe mit ihrer purpurnen bis violetten Zeichnung oft fast weißlich ist. Die Art ist in ihrem Aussehen sehr variabel, jedoch ist ihr Stängel immer markig und nicht zusammendrückbar. Der ultraleichte Samen kann vom Wind bis zu 10 km weit geweht werden, keimt aber nur in Gemeinschaft mit einem Pilz.

ORCHIS MASCULA J F M A M J J A S O N D

Männliches Knabenkraut

Merkmale Staude. 20–50 cm. Blätter rosettig, zungenförmig, oft **rot gefleckt**. Blüten in allseitswendigen Ähren, purpurn, violett, Lippe 3-lappig, gepunktet, Sporn sackförmig.

Vorkommen Lichte Wälder, **Halbtrockenrasen**, Steinbrüche. Auf basenreichen, stickstoffarmen, mäßig trockenen Böden.

Wissenswertes *Orchis*-Arten besitzen 2 nahe beieinanderliegende, **rundliche Knollen**, die die Namensgeber anscheinend an Hoden erinnert haben. Denn das griechische orchis bedeutet nichts anderes als Hoden und man war anscheinend der Meinung, dass die Knollen eine aphrodisierende Wirkung entfalten würden. Nicht anders ist auch der Trivialname Männliches Knabenkraut zu deuten.

LATHYRUS VERNUS J F M A M J J A S O N D

Frühlings-Platterbse

Merkmale Staude. 20–40 cm. Stängel 4-kantig. Blätter wechselständig, gefiedert, 2–4 Fiederpaare, oval, zugespitzt. **Schmetterlingsblüten** in lockerer Traube, erst rot, dann blauviolett bis blau, später türkis.

Vorkommen **Wälder**. Auf kalkhaltigen, nährstoffreichen Böden.

Wissenswertes Die Blüten der Frühlings-Platterbse verändern wie die des Blauroten Steinsamens (siehe Seite 112) mit dem Alter ihre Farbe, was am Säuregrad des Zellsafts liegt. So sind sie in ihrer Jugend rot, um später mit sinkendem Säuregehalt immer stärker blau bis hin zu türkisblau zu werden. Die Fiederblätter enden in einer grannenartigen Spitze und weisen keine Ranken auf.

GEFL. KNABENKRAUT

MÄNNL. KNABENKRAUT

FRÜHLINGS-PLATTERBSE

POLYGONUM BISTORTA J F M A M J J A S O N D

Schlangen-Knöterich

Merkmale Staude. 30–100 cm. Blätter wechselständig, länglich oval, Grundblätter lang gestielt, Stängelblätter sitzend. Blüten in **walzigen Scheinähren**, hell- bis dunkelrosa.

Vorkommen Bach- und Grabenränder, **Nasswiesen**, Auwälder. Auf feuchten, kalkarmen, stickstoffreichen Böden.

Wissenswertes Das verdickte Rhizom des Schlangen-Knöterichs ist ganz typisch **schlangenartig gewunden** und mit Blattresten bedeckt, die wie Schuppen wirken, daher der Name. Die nektarreichen Blüten werden gern von Insekten besucht, die Blätter von Weidevieh gefressen.

SANGUISORBA OFFICINALIS J F M A M J J A S O N D

Großer Wiesenknopf

Merkmale Staude. 30–100 cm. Blätter wechselständig, unpaarig gefiedert, Fiedern oval, grob gezähnt. Blüten in dichten, ovalen, endständigen Köpfchen, **sehr klein**, dunkelrot.

Vorkommen Nasswiesen, Moore, **Gräben**. Auf wechselfeuchten Böden.

Wissenswertes Die kleinen Blüten des Großen Wiesenknopfs besitzen keine Kronblätter, sondern 4 3-eckige, rötliche Kelchblätter. Sie sind im Gegensatz zu denen des Kleinen Wiesenknopfs (*S. minor*) zumeist zwittrig mit 4 kurzen Staubblättern und einem langen Griffel. Sie werden von einer Vielzahl von Bestäuberinsekten besucht, während die Bestäubung beim Kleinen Wiesenknopf vom Wind übernommen wird. Violett gefärbte Staubbeutel weisen auf einen Pilzbefall hin.

ANTENNARIA DIOICA J F M A M J J A S O N D

Gewöhnliches Katzenpfötchen

Merkmale Staude. 5–20 cm. Kriechend. Blätter wechselständig, lanzettlich bis spatelig, unterseits weißfilzig. 2-häusig, **Körbchen in Büscheln**, nur Röhrenblüten, rein männliche Körbchen meist weiße Hüllblätter, rein weibliche meist rosa Hüllblätter.

Vorkommen Heiden, **Magerrasen**, Gebüsche. Auf kalk- und nährstoffarmen Böden.

Wissenswertes Das Katzenpfötchen, das seinen Namen der weichen Behaarung verdankt, bildet oberirdische, verzweigte Ausläufer, an denen Blattrosetten erscheinen. Die Hüllblätter sind papierartig und beständig, die kleinen Röhrenblüten gelb. Zwar wurde es früher als Heilpflanze verwendet, jedoch ist man von seiner Wirksamkeit heutzutage nicht mehr überzeugt, so dass es nicht mehr genutzt wird.

SCHLANGEN-KNÖTERICH

GROSSER WIESENKNOPF

GEWÖHNLICHES KATZENPFÖTCHEN

CARDUUS NUTANS — J F M A M J **J A** S O N D

Nickende Distel

Merkmale Zweijährig. 30–150 cm. **Stängel bestachelt**. Blätter wechselständig, fiederspaltig, Abschnitte stachelig gezähnt. **Fast kugelige Körbchenblüten**, nur Röhrenblüten, purpurn.

Vorkommen Weiden, **Wegränder**, Böschungen, Schuttplätze. Auf eher trockenen, kalk- und stickstoffreichen Böden.

Wissenswertes Die Blütenkörbchen mit ihren stachelspitzigen Hüllblättern stehen auffällig nickend auf den langen Stielen. Diesem Umstand verdankt die Distel ihren Trivialnamen sowie den wissenschaftlichen Artzusatz, denn auch *nutans* bedeutet nickend. In den Blütenkörbchen finden sich über 100 kleine Einzelblüten, die einen süßlichen Duft verströmen. Die Haare der Früchte sind im Gegensatz zu denen der *Cirsium*-Arten nicht fedrig verzweigt. Die Nickende Distel war 2008 Blume des Jahres.

CIRSIUM ARVENSE — J F M A M J **J A** S O N D

Acker-Kratzdistel

Merkmale Staude. 50–150 cm. Blätter wechselständig, lanzettlich, buchtig gezähnt oder fiederteilig, **starr bestachelt**. Körbchen in doldiger Rispe, nur Röhrenblüten, rosa, eng anliegende, zugespitzte Hüllblätter. **Duftend**.

Vorkommen Felder, Wege, **Ödflächen**. Auf stickstoffreichen Böden.

Wissenswertes Die Acker-Kratzdistel bildet Wurzeln, die bis zu 280 cm tief in den Boden reichen können und Ausläufer treiben. Dabei können sich aus kleinen, abgetrennten Wurzelstücken neue Pflanzen entwickeln. Das macht ihre Bekämpfung auf Ackerflächen schwierig. Ihre Stängel sind stark verzweigt und reich beblättert.

CIRSIUM VULGARE — J F M A M **J J A S** O N D

Gewöhnliche Kratzdistel

Merkmale Zweijährig. 60–150 cm. Blätter wechselständig, fiederspaltig, stachelig gezähnt, in langem, **gelbem Stachel** endend, unterseits weißfilzig. Körbchen in Rispen, nur Röhrenblüten, purpurn, gerade Hüllblätter mit je einem gelben Stachel.

Vorkommen **Schuttplätze**, Wege. Auf stickstoffreichen Böden.

Wissenswertes Der Stängel dieser Kratzdistel ist mit herablaufenden, stacheligen Blattleisten besetzt und wirkt dadurch geflügelt. Die Blütenhülle ist stark vergrößert und oval. Die Haare der Früchte sind im Gegensatz zu denen der *Carduus*-Arten (siehe oben) fedrig verzweigt, was man allerdings nur mithilfe einer Lupe erkennen kann.

NICKENDE DISTEL

ACKER-KRATZDISTEL

GEWÖHNLICHE KRATZDISTEL

ARCTIUM LAPPA

J	F	M	A	M	J	J	A	S	O	N	D
						●	●				

Große Klette

Merkmale Zweijährig. 80–150 cm. Grundblätter breit herzförmig. **Kugelige Blütenkörbchen** in Scheindolden, nur Röhrenblüten, purpurn, Hülle kugelig, grüne Hüllblätter mit **Hakenspitzen**.

Vorkommen Schuttplätze, Ufer, **Wege**, Zäune. Auf nährstoffreichen, lockeren, frischen Böden.

Wissenswertes An den kugeligen Früchten der Großen Klette bleiben die hakigen Hüllblätter der Blüten erhalten. Streifen Tiere oder Menschen an den Pflanzen vorbei, bleiben die Früchte am Fell und in der Kleidung haften und werden so verbreitet. Die Haken standen Pate bei der Entwicklung der überaus praktischen Klettverschlüsse.

CENTAUREA JACEA

J	F	M	A	M	J	J	A	S	O	N	D
					●	●	●	●	●		

Gewöhnliche Flockenblume

Merkmale Staude. 10–90 cm. Blätter wechselständig, oval bis lanzettlich, meist ganzrandig. Körbchen einzeln, nur Röhrenblüten, purpurn, **Randblüten vergrößert**.

Vorkommen Magerwiesen, Weiden, **Wegränder**. Auf nährstoff- und humusreichen Böden.

Wissenswertes Die vergrößerten Randblüten sind unfruchtbar und dienen lediglich dem Anlocken von potenziellen Bestäubern, was vor allem Schmetterlinge und Bienen sind. Der Stängel ist kantig und rau. Die grünen, dachziegelartig angeordneten Hüllblätter des Körbchens weisen deutlich abgesetzte, hellbraune Spitzen auf, die wie Anhängsel wirken.

EUPATORIUM CANNABINUM

J	F	M	A	M	J	J	A	S	O	N	D
						●	●	●			

Gewöhnlicher Wasserdost

Merkmale Staude. 60–150 cm. **Stängel rötlich**, behaart, dicht beblättert. Blätter unexakt gegenständig, handförmig 3–5-teilig. Körbchen in Scheindolde, nur wenige Röhrenblüten, rosa.

Vorkommen Ufer, Gräben, **Auwälder**. Auf feuchten, kalkhaltigen, nährstoffreichen Böden.

Wissenswertes Die Körbchen enthalten jeweils nur 4–6 Röhrenblüten, aus denen die Narben weit hervorschauen. Sie produzieren reichlich Nektar und werden von zahlreichen Schmetterlingen besucht, z.B. vom Russischen Bär, vom Landkärtchen oder auch vom Kaisermantel. Die Ähnlichkeit der Blätter mit denen des Hanfs (*Cannabis*) schlägt sich im wissenschaftlichen Artzusatz nieder. Der Gewöhnliche Wasserdorst ist giftig, enthält jedoch keine halluzinogenen Substanzen.

GROSSE KLETTE

GEWÖHNLICHE FLOCKENBLUME

GEWÖHNLICHER WASSERDOST

PETASITES HYBRIDUS — J F M **A** **M** J J A S O N D

Gewöhnliche Pestwurz

Merkmale Staude. 15–150 cm. Stängel mit **Blattschuppen** besetzt. Blätter grundständig, groß, herzförmig. 2-häusig, über 100 Körbchen in Trauben, nur Röhrenblüten, rötlich, selten weiß.

Vorkommen Ufer, **nasse Wiesen**. Auf feuchten Böden.

Wissenswertes Die rein männlichen Blütenkörbchen der **2-häusigen** Pestwurz sind größer als die rein weiblichen. Die unterseits grau behaarten Blätter erscheinen erst zum Ende der Blütezeit und werden bis zu 90 cm breit. Mit Blattstielen können sie sogar über 150 cm hoch werden. Bestimmte Wirkstoffe der Pflanze werden heutzutage erfolgreich in der Migränetherapie und gegen Schmerzen in den Harnwegen verwendet. Die Pflanze ist jedoch giftig.

TRIFOLIUM ARVENSE — J F M A M **J** **J** **A** S O N D

Hasen-Klee

Merkmale Ein- bis zweijährig. 5–30 cm. Blätter 3-zählig, Blättchen lanzettlich. **Schmetterlingsblüten** in länglichen Köpfchen, klein, zartrosa, Kelch dicht lang behaart.

Vorkommen Wegränder, Sandflächen, **Felder**, Rasen. Auf lockeren, sandigen, kalkarmen Böden.

Wissenswertes Die Blütenstände des Hasen-Klees sind **flaumig behaart** und verleiten zum Anfassen. Die kleinen Blüten sind zunächst weiß gefärbt, tönen sich dann aber zartrosa. Im Gegensatz zu anderen Kleearten ist Hasen-Klee nur ein minderwertiges Viehfutter, was sich in der Namensgebung widerspiegelt. Als Heilpflanze spielt er keine größere Rolle mehr.

TRIFOLIUM PRATENSE — J F M A M **J** **J** **A** **S** O N D

Wiesen-Klee

Merkmale Staude. 10–50 cm. Blätter 3-zählig, Blättchen oval, meist mit weißer **v-förmiger Zeichnung**. Schmetterlingsblüten in kugeligen Köpfchen, hellpurpurn, Kelch behaart.

Vorkommen **Wiesen**, **Wege**, Weiden. Auf nährstoffreichen, tiefgründigen Böden.

Wissenswertes **Rot-Klee**, wie Wiesen-Klee auch genannt wird, enthält Isoflavone, die eine positive Wirkung bei Wechseljahrsbeschwerden wie Hitzewallungen, Erschöpfungszustände und Schweißausbrüche zeigen. Dies liegt daran, dass die Isoflavone scheinbar östrogene Eigenschaften aufweisen. Die Pflanze ist ein wertvolles Viehfutter und als Gründüngung geeignet. Die Blüten werden vor allem von langrüsseligen Hummeln besucht.

GEWÖHNLICHE PESTWURZ

G. PESTWURZ, BLÄTTER

HASEN-KLEE

WIESEN-KLEE

VERONICA OFFICINALIS

J	F	M	A	M	J	J	A	S	O	N	D
				●	●	●	●				

Wald-Ehrenpreis

Merkmale Staude. 15–20 cm. Behaart. Blätter gegenständig, oval, gestielt, gezähnt. Blüten in lockeren Trauben, blauviolett, dunkler geadert, 4-zählig.

Vorkommen **Wälder**, Weiden, Heiden. Auf steinigen, sandigen, nährstoffarmen Böden.

Wissenswertes Wo der Wald-Ehrenpreis wächst, ist der Boden mager, weshalb man diese Art zu den **Magerkeitszeigern** rechnet. Seine Stängel breiten sich kriechend aus und bilden Wurzeln sowie aufrechte, blütentragende Triebe.

VERONICA BECCABUNGA

J	F	M	A	M	J	J	A	S	O	N	D
				●	●	●	●				

Bachbunge

Merkmale Staude. 10–50 cm. Blätter gegenständig, oval bis rund, ganzrandig oder gekerbt, **fleischig**. Blüten in lockeren Trauben, blass- bis dunkelblau, dunkler geadert, 4-zählig.

Vorkommen Gräben, **Ufer**, Quellen. Auf sehr nassen Böden.

Wissenswertes Die Bachbunge liebt es feucht, weshalb man sie auf sehr nassen, meist sogar etwas überschwemmten Böden findet. Sie eignet sich gut zur Uferbepflanzung eines Gartenteichs.

VERONICA CHAMAEDRYS

J	F	M	A	M	J	J	A	S	O	N	D
				●	●	●					

Gamander-Ehrenpreis

Merkmale Staude. 10–30 cm. Stängel 2-zeilig behaart. Blätter gegenständig, oval, **sitzend**, gekerbt, Blüten in gegenständigen Trauben, tiefblau, dunkler geadert, **Mitte weiß**, 4-zählig.

Vorkommen **Wiesen**, Wälder. Auf humosen Lehmböden.

Wissenswertes Die 4 Kronblätter des Gamander-Ehrenpreises sind ungleich gestaltet und fallen leider nach dem Pflücken der Pflanze sehr schnell ab. Ein Strauß lohnt sich also nicht.

VERONICA PERSICA

J	F	M	A	M	J	J	A	S	O	N	D
●	●	●	●	●	●	●	●	●	●	●	●

Persischer Ehrenpreis

Merkmale Ein- bis zweijährig. 10–40 cm. Blätter oval, gestielt, grob gesägt, 10–30 **Blüten einzeln** in Blattachseln, himmelblau, dunkler geadert, Mitte weiß, 4-zählig.

Vorkommen **Unkrautbestände**. Auf nährstoffreichen Böden.

Wissenswertes Die unteren Blätter des Persischen Ehrenpreises stehen gegenständig, die oberen jedoch wechselständig. Seine Stängel bewurzeln sich auch bei Bodenkontakt nicht.

WALD-EHRENPREIS

BACHBUNGE

GAMANDER-EHRENPREIS

PERSISCHER EHRENPREIS

GENTIANA CRUCIATA J F M A M J J A S O N D

Kreuz-Enzian

Merkmale Staude. 10–40 cm. Blätter **kreuzgegenständig**, lanzettlich, ledrig. **Blüten quirlständig** in oberen Blattachseln, am Stängelende gehäuft, dunkelblau, außen oft baun, 4-zählig.

Vorkommen **Magerrasen**, lichte Kiefernwälder. Auf kalkreichen, stickstoffarmen Böden.

Wissenswertes Enziane verbindet man normalerweise eher mit dem Hochgebirge. Es gibt aber auch einige Arten, die in den Mittelgebirgen und dem Tiefland vorkommen – einer davon ist der Kreuz-Enzian. Dieser ist, wie sein Name schon verrät, kreuzförmig angelegt, was die Stellung seiner Blätter und Kronblätter betrifft.

GENTIANELLA CILIATA J F M A M J J A S O N D

Fransenenzian

Merkmale Zweijährig. 10–25 cm. Blätter gegenständig, lanzettlich, 1-nervig. Blüten einzeln oder zu 2–10 traubig, dunkelblau, am Grund oft grünlich, 4-zählig, **Kronblätter gefranst**.

Vorkommen Trockenrasen, **lichte Wälder**. Auf kalkreichen, eher trockenen Böden.

Wissenswertes Die große Blütenkrone des Fransenenzians ist wie beim Kreuz-Enzian (siehe oben) trichterförmig angelegt und weist 4 lange Kronblattzipfel auf. Diese sind vorne gezähnt und an den Rändern charakteristisch gefranst, wobei die namensgebenden Fransen scheinbar attraktiv auf Blütenbesucher wie Falter wirken. Die Blüten sind nur bei schönem Wetter geöffnet.

HESPERIS MATRONALIS J F M A M J J A S O N D

Gewöhnliche Nachtviole

Merkmale Zweijährig, Staude. 40–80 cm. Blätter wechselständig, oval bis lanzettlich, Stängelblätter kleiner als Grundblätter, buchtig gezähnt. Blüten in **Trauben**, violett, 4-zählig.

Vorkommen Ufer, Bahndämme, **Auwälder**. Auf feuchten, nährstoffreichen Böden.

Wissenswertes Die hier vorgestellte Gewöhnliche Nachtviole, botanisch korrekt *H. matronalis* ssp. *matronalis* genannt, öffnet ihre eher unscheinbaren, jedoch intensiv nach Veilchen bzw. Nelken **duftenden Blüten** erst abends zwischen 19 und 20 Uhr. Diesem Umstand verdankt die Gattung ihren Namen, denn das griechische hespera bedeutet Abend. Die Blüten werden von **Nachtfaltern** bestäubt. Die Pflanze eignet sich gut für den Garten, wo man z. B. Sitzplätze, die auch am Abend genutzt werden, mit ihrem Wohlgeruch bereichern kann.

KREUZ-ENZIAN

FRANSENENZIAN

GEWÖHNLICHE NACHTVIOLE

LUNARIA REDIVIVA — J F M A M J J A S O N D (Blütezeit: M, J, J)

Wildes Silberblatt

Merkmale Staude. 40–120 cm. Blätter wechselständig, **herzförmig**, ungleich gezähnt. Blüten in Trauben, lila oder weiß, 4-zählig, duftend. Schötchenfrucht mit **silbriger Scheidewand**.

Vorkommen Schattige Schlucht- und **Bergwälder**. Auf feuchten, nährstoffreichen Böden.

Wissenswertes Im Gegensatz zum Judas-Silberblatt (*L. annua*), bei dem die Schötchen fast rund und beiderseits abgerundet sind, sind diese beim Wilden Silberblatt elliptisch und laufen beiderseits spitz zu. Die silbrige Scheidewand im Inneren der Schötchen erinnerte die Namensgeber an den Mond, der lateinisch luna heißt. Das Wilde Silberblatt bildet unterirdische Ausläufer, mit denen es sich ausbreitet.

MENTHA ARVENSIS — J F M A M J J A S O N D (Blütezeit: J, J, A, S, O)

Acker-Minze

Merkmale Staude. 10–40 cm. Stängel 4-kantig. Blätter kreuzgegenständig, breit oval, gezähnt. **Kleine Blüten quirlig** in oberen Blattachseln, lila, 4-zählig.

Vorkommen Gräben, **Sumpfwiesen**, nasse Felder. Auf sehr feuchten, nährstoffreichen, lehmigen Böden.

Wissenswertes Wo die Acker-Minze wächst, ist der Boden sehr feucht bis nass, weshalb sie als **Vernässungszeiger** gilt. Ihre 8–12 Blütenstände stehen nur im oberen Drittel der Triebe, jedoch nie an der Stängelspitze, was sie von anderen *Mentha*-Arten unterscheidet.

LITHOSPERMUM PURPUROCAER. — J F M A M J J A S O N D (Blütezeit: A, M, J)

Blauroter Steinsame

Merkmale Staude. 10–40 cm. **Rau behaart**. Blätter wechselständig, lanzettlich. Blüten in endständigen Blütenständen, anfangs rotviolett, später blau, 5-zählig, trichterförmig.

Vorkommen Hecken, **Gebüsche**, lichte, trockene Wälder. Auf nährstoff- und basenreichen Böden.

Wissenswertes Der Blaurote Steinsame (*L. purpurocaeruleum*) wurde 2000 zur Blume des Jahres gewählt. Er trägt seine Besonderheiten schon im Namen, denn die Blüten wechseln mit zunehmendem Alter aufgrund des veränderten Säuregehalts ihre Farbe (siehe auch *Lathyrus vernus*, Seite 98) und die Früchte sind steinhart. Die Pflanze bildet 2 verschiedene Arten von Trieben – solche, die aufrecht wachsen und blühen, und solche, die wie Ausläufer über den Boden kriechen und keine Blüten tragen.

WILDES SILBERBLATT

W. SILBERB., SCHÖTCHEN

ACKER-MINZE

BLAUROTER STEINSAME

CAMPANULA GLOMERATA J F M A M J J A S O N D

Geknäulte Glockenblume

Merkmale Staude. 15–60 cm. Grundblätter gestielt, lanzettlich, Stängelblätter wechselständig, länglich zungenförmig. 8–35 Blüten **kopfig büschelig** gehäuft, blauviolett, 5-zählig, **glockig**.

Vorkommen Trockenwälder, **trockene Wiesen**, Magerrasen. Auf kalkreichen, relativ nährstoffarmen Böden.

Wissenswertes Bei dieser auch **Knäuel-Glockenblume** genannten Art stehen die Blüten so charakteristisch in Büscheln bzw. Knäuel an den Stängelspitzen, das dieses Merkmal sogar Bestandteil des Trivialnamens geworden ist. Sie sind normalerweise blauviolett, können aber selten auch weiß gefärbt sein. Diese Glockenblume ist eine beliebte Gartenpflanze für kalkhaltige Böden, die zahlreiche Ausläufer bildet und daher zum Wuchern neigt. Man sollte sie daher bei Bedarf eingrenzen.

CAMPANULA PATULA J F M A M J J A S O N D

Wiesen-Glockenblume

Merkmale Zweijährig. 20–60 cm. Grundblätter schmal oval, Stängelblätter wechselständig, schmal lanzettlich, obere sitzend. 3–11 Blüten in **lockerer Rispe**, blauviolett, glockig, 5-zählig.

Vorkommen Wege, Wälder, **Wiesen**. Auf nährstoffreichen, meist kalkarmen, frischen Böden.

Wissenswertes Bei der Wiesen-Glockenblume stehen die Blüten aufrecht oder etwas schräg, jedoch nicht nickend. Sie drehen sich in Richtung Sonne und senken sich abends oder bei Regen nach unten. Die miteinander verwachsenen Kronblätter sind fast bis zur Hälfte in Zipfel gespalten, die sich deutlich nach außen biegen.

CAMPANULA ROTUNDIFOLIA J F M A M J J A S O N D

Rundblättrige Glockenblume

Merkmale Staude. 10–30 cm. Grundblätter rundlich, Stängelblätter wechselständig, lanzettlich. 1–8 Blüten in lockerer Traube oder Rispe, hell blauviolett, 5-zählig, glockig, **nickend**.

Vorkommen **Wege**, Mauern, Schotter, Wälder, Magerrasen. Auf stickstoffarmen, mageren Böden.

Wissenswertes Die namensgebenden Grundblätter der zierlichen Rundblättrigen Glockenblume sind **rund bis nierenförmig** und zur Blütezeit oft schon vergilbt bzw. abgestorben. Sie bildet zahlreiche Ausläufer und braucht helle bis halbschattige Standorte. Andernfalls bildet sie keine Blüten, sondern nur Blätter. Manche Spezialgärtnerei bietet auch diese Glockenblume an, falls Sie gerade diese Art in Ihren Garten pflanzen möchten.

GEKNÄULTE GLOCKENBLUME

WIESEN-GLOCKENBLUME

RUNDBLÄTTRIGE GLOCKENBLUME

MYOSOTIS ARVENSIS | J F M A M J J A S O N D (A–S)

Acker-Vergissmeinnicht

Merkmale Ein- bis zweijährig. 10–40 cm. **Weich behaart**. Grundblätter ungestielt, Stängelblätter wechselständig, oval. Blütenstand scheintraubig, hellblau, 5-zählig, **gelbe Mitte**.

Vorkommen Ödflächen, Felder, **Wegränder**, Wiesen, Weiden. Auf nährstoffreichen, kalkarmen, lehmigen Böden.

Wissenswertes Die Blütenstände des Acker-Vergissmeinnichts sind vor dem Aufblühen eingerollt. Die Blüten weisen, wie bei allen *Myosotis*-Arten, charakteristische Schlundschuppen auf, die hier als gelbe Mitte zu erkennen sind und Staubblätter vortäuschen. Diese sind jedoch im Schlund versteckt. Der Gattungsname leitet sich vom griechischen mys = Maus und otis = Ohr ab und bezieht sich auf die Form und die Behaarung der Blätter.

MYOSOTIS SCORPIOIDES | J F M A M J J A S O N D (M–S)

Sumpf-Vergissmeinnicht

Merkmale Staude. 20–80 cm. Stängelblätter wechselständig, lanzettlich, sitzend, **behaart**. Blütenstand scheinrispig, hellblau, 5-zählig, **Mitte gelb**.

Vorkommen Nasse Wiesen, Sümpfe, **Gräben**. Auf nassen, nährstoffreichen Lehm- oder Tonböden.

Wissenswertes Die Blütenknospen des Sumpf-Vergissmeinnichts sind rosa gefärbt, die Blüten himmelblau, gelegentlich auch weiß oder rosa. Es eignet sich gut für die Uferbepflanzung eines Gartenteichs, da es als Sumpfpflanze nasse Böden benötigt und darüber hinaus sehr anspruchslos ist. Seine Früchte sind schwimmfähig und können sich so über weite Strecken verbreiten.

PULMONARIA OFFICINALIS | J F M A M J J A S O N D (M–M)

Echtes Lungenkraut

Merkmale Staude. 10–30 cm. **Rau behaart**. Blätter hell gefleckt, Stängelblätter wechselständig, oval, ungestielt. 10–20 Blüten in Scheindolden, erst rot, dann blauviolett, 5-zählig.

Vorkommen Auwälder, **Laubmischwälder**. Auf kalk- und nährstoffreichen, humosen Böden.

Wissenswertes Das Echte Lungenkraut besitzt lang gestielte, herzförmige Grundblätter, die in einer Rosette angeordnet sind. Seine trichterförmigen Blüten wechseln im Verlauf der Zeit die Farbe (siehe auch *Lathyrus vernus*, Seite 98), so dass an einer Pflanze **zeitgleich rote und blauviolette Blüten** zu finden sind. Dieser Umstand bescherte der Pflanze u. a. Namen wie **Hänsel und Gretel**, **Brüderchen und Schwesterchen** oder auch **Ungleiche Schwestern**.

ACKER-VERGISSMEINNICHT

SUMPF-VERGISSMEINNICHT

ECHTES LUNGENKRAUT

GERANIUM PRATENSE — J F M A M **J J A** S O N D

Wiesen-Storchschnabel

Merkmale Staude. 30–60 cm. **Stängel drüsig behaart**. Blätter gegenständig, handförmig, tief 5–7-teilig, gezähnt. Blüten zu 2, blauviolett, 5-zählig, **schalenförmig**.

Vorkommen **Fettwiesen**, Ufer, Gräben. Auf kalk- und nährstoffreichen, feuchten Böden.

Wissenswertes Die zunächst aufrecht stehenden Blüten des Wiesen-Storchschnabels wenden sich beim Öffnen der Sonne zu. Sie sind oft gleichzeitig mit den Früchten auf ein und derselben Pflanze zu sehen und neigen sich nach der Bestäubung zunächst nach unten, um bei der Fruchtreife wieder nahezu aufrecht zu stehen.

GENTIANA VERNA — J F **M A M** J J A S O N D

Frühlings-Enzian

Merkmale Staude. 3–10 cm. Grundblätter lang, schmal, in Rosette, Stängelblätter gegenständig, schmal oval. Blüten einzeln, tiefblau, **5-zipfelige Kronröhre**, Zipfel flach ausgebreitet.

Vorkommen Trockenrasen, trockene Bergwiesen, **Schafweiden**. Auf stickstoffarmen, meist kalkreichen Böden.

Wissenswertes Zwischen den 5 Zipfeln der trichterförmigen Blüte findet sich jeweils ein 2-zähniges Anhängsel, das eine weiße Linie aufweist. Der Frühlings-Enzian kann in warmen Jahren noch ein zweites Mal im Juli/August blühen und wird von Tagfaltern bestäubt, da nur diese mit ihrem langen Rüssel an den Nektar am Ende der Blütenröhre gelangen können. Die Rosettenblätter sind bei dieser Enzianart deutlich größer als die Stängelblätter.

HEPATICA NOBILIS — J F **M A** M J J A S O N D

Leberblümchen

Merkmale Staude. 5–20 cm. Blätter grundständig, gestielt, 3-lappig, oberseits glänzend dunkelgrün, **unterseits violett**. Blüten einzeln endständig, blau bis violett, 5–10 Kronblätter.

Vorkommen Krautreiche **Laubwälder**. Auf humosen, lockeren, kalkhaltigen Böden.

Wissenswertes Die ledrigen, wintergrünen Blätter des Leberblümchens erscheinen **erst nach der Blüte**. Sie erinnern der Form nach an eine Leber, was Anklang im Trivial- sowie Gattungsnamen findet. Während der Blütezeit wachsen die Kronblätter weiter und verdoppelt ihre Länge in etwa. Die Blüten schließen sich abends und nehmen eine nickende Schlafstellung ein. Das Leberblümchen ist giftig und reizt bei längerem Kontakt die Haut bzw. Schleimhäute.

WIESEN-STORCHSCHNABEL

FRÜHLINGS-ENZIAN

LEBERBLÜMCHEN

LEBERBL., BLÄTTER

PULSATILLA VULGARIS J F M A M J J A S O N D

Gewöhnliche Küchenschelle

Merkmale Staude. 10–25 cm. Grundständige **Blätter erst nach der Blüte** voll entwickelt, 1–2-fach gefiedert, behaart, Stängelblätter am Grund verwachsen, mit 15–25 schmalen Zipfeln. Blüten einzeln, 6 Blütenhüllblätter, violett.

Vorkommen **Magerrasen**, Kiefernwälder. Auf meist kalkhaltigen, basenreichen, trockenen, nährstoffarmen Böden.

Wissenswertes Die anfangs glockig, später aufrecht ausgebreitet stehenden Blüten der Gewöhnlichen Küchenschelle sind außen silbrig behaart. Die grundständigen Blätter sind erst nach der Blüte voll entwickelt und verkahlen mit der Zeit. Obwohl giftig, ist die Küchenschelle eine beliebte Gartenpflanze.

SOLDANELLA ALPINA J F M A M J J A S O N D

Alpen-Troddelblume

Merkmale Staude. 5–15 cm. Blätter grundständig, **nierenförmig**, ledrig, ganzrandig. 2–3 endständige Blüten, violett oder bläulich, **glockig**, **nickend**, Kronblätter tief eingeschnitten.

Vorkommen Matten, Schneetälchen, **Quellmulden**. Auf sickerfeuchten Kalkböden in Höhenlagen zwischen 450 und 3000 m.

Wissenswertes Die Alpen-Troddelblume wurde 2004 zur Blume des Jahres gewählt, um auf den wünschenswerten Erhalt der alpinen Standorte aufmerksam zu machen. Ihre zierlichen Blüten stehen auf rötlich braunen Stängeln. Sie bildet am natürlichen Standort ausgedehnte Bestände, eignet sich jedoch auch für den Garten.

IRIS SIBIRICA J F M A M J J A S O N D

Sibirische Schwertlilie

Merkmale Staude. 40–100 cm. Blätter 2-zeilig angeordnet, linealisch. 1–3 typische **Irisblüten**, äußere Blütenhüllblätter nach unten geschlagen, weißlich, blauviolett geadert, innere aufrecht, blauviolett.

Vorkommen Sumpfwiesen, Flachmoore, **Gräben**. Auf mäßig kalkreichen, nassen, nährstoffarmen Böden.

Wissenswertes Die Sibirische Schwertlilie braucht nasse, stickstoffarme, ungedüngte Standorte, damit sie gedeihen kann. Da diese Bedingungen u. a. durch Entwässerungsmaßnahmen bzw. Eutrophierung oft nicht mehr gegeben sind, ist ihr natürlicher Bestand rückläufig. Um auf diesen Umstand aufmerksam zu machen, wurde sie zur Blume des Jahres 2010 gekürt. Als Gartenpflanze erfreut sie sich großer Beliebtheit, da sie nicht nur schön aussieht, sondern am richtigen Standort auch anspruchslos ist.

GEWÖHNLICHE KÜCHENSCHELLE

ALPEN-TRODDELBLUME

SIBIRISCHE SCHWERTLILIE

ACONITUM NAPELLUS J F M A M J J A S O N D

Blauer Eisenhut

Merkmale Staude. 50–150 cm. Blätter wechselständig, tief handförmig 5–7-teilig, Abschnitte schmal linealisch. Blüten in dichten, endständigen Trauben, blauviolett, **helmförmig**.

Vorkommen Gebirgswälder, Auwälder, Bachufer, **Wiesen**. Auf frischen bis feuchten, kalk- und nährstoffreichen Böden.

Wissenswertes Der Blaue Eisenhut ist überaus giftig. Da das vor allem in den Wurzeln und Blättern enthaltene Aconitin auch durch die unverletzte Haut aufgenommen werden kann, sollte man diese Pflanze möglichst erst gar nicht berühren, und wenn, dann nur geschützt mit Gummihandschuhen. Dennoch erfreut sie sich als Gartenpflanze großer Beliebtheit, was an ihren wunderschönen Blüten liegt. Neben Sorten mit blauvioletten Blüten gibt es auch solche mit weißen, rosa oder tiefblauen Blüten.

AQUILEGIA VULGARIS J F M A M J J A S O N D

Gewöhnliche Akelei

Merkmale Staude. 30–70 cm. Blätter wechselständig, doppelt 3-teilig. 3–10 Blüten in lockerer Traube, blauviolett, selten rosa oder weiß, nickend, 5 lange, am Ende **hakig gebogene Sporne**.

Vorkommen Wälder, Bergwiesen, **Gebüsche**. Auf basenreichen, meist kalkreichen, lockeren Böden.

Wissenswertes Die Akelei ist eine beliebte Gartenpflanze, von der zahlreiche Kultursorten gezüchtet worden sind. Hat sie sich im Garten erst einmal etabliert, erweist sie sich als sehr anspruchslos und breitet sich mithilfe ihrer Samen stark aus. Sie wird vorwiegend von langrüsseligen Hummeln bestäubt. Akeleien sind giftig.

CONSOLIDA REGALIS J F M A M J J A S O N D

Feld-Rittersporn

Merkmale Einjährig. 20–40 cm. Blätter wechselständig, doppelt 3-teilig, mit schmalen Zipfeln. Blüten in lockeren Trauben oder Rispen, blauviolett, **gespornt**.

Vorkommen Felder, **Raine**, Schuttplätze. Auf nährstoffreichen, meist kalkreichen Böden.

Wissenswertes Auch diese Art ist giftig und enthält dem Eisenhut ähnliche Alkaloide, die jedoch nicht bzw. in nur sehr geringen und damit unbedenklichen Mengen in den Blüten vorhanden sind. Diese werden daher gern zum Schönen verschiedener Teemischungen verwendet. Die Blüten sind so gebaut, dass nur langrüsselige Hummeln an den Nektar gelangen können.

BLAUER EISENHUT

GEWÖHNLICHE AKELEI

FELD-RITTERSPORN

AJUGA REPTANS J F M A M J J A S O N D

Kriechender Günsel

Merkmale Staude. 10–30 cm. Stängelblätter kreuzgegenständig, oval. 2–6 **Lippenblüten** in Achseln der Blätter und Hochblätter, blau, **Oberlippe nur angedeutet**, Unterlippe 3-lappig.

Vorkommen Lichte Wälder, Wiesen, **Wegränder**. Auf nährstoffreichen, humosen, frischen Böden.

Wissenswertes Der Kriechende Günsel bildet eine grundständige Blattrosette und breitet sich mithilfe von oberirdischen, kriechenden, bis zu 20 cm langen Ausläufern aus. Der 4-kantige Stängel ist nur auf 2 gegenüberliegenden Seiten behaart. Seine Blüten können gelegentlich auch weiß oder rosa gefärbt sein. Günsel eignet sich als schöner Bodendecker für den Garten, so dass es mittlerweile auch Sorten mit rötlichen oder mehrfarbigen Blättern gibt.

GLECHOMA HEDERACEA J F M A M J J A S O N D

Gundermann

Merkmale Staude. 10–30 cm. Stängel 4-kantig. Blätter kreuzgegenständig, herzförmig, gekerbt. 2–3 **Lippenblüten** in Blattachseln, violett, Oberlippe verkürzt, Unterlippe 3-lappig.

Vorkommen Hecken, Mauern, Zäune, **Wiesen**, Weiden, Ufer, Wege. Auf nährstoffreichen, frischen bis feuchten Böden.

Wissenswertes Die Blätter des Gundermanns nehmen im Winter eine rötliche Tönung an. Seine Stängel wachsen niederliegend und wurzeln an den Knoten. Lediglich die blütentragenden Abschnitte richten sich auf. Er **riecht sehr aromatisch** und ist ein schmackhaftes Wildgemüse, z. B. in Salaten oder im Kräuterquark. Früher wurde er statt Hopfen als Bittermittel beim Bierbrauen verwendet.

PRUNELLA VULGARIS J F M A M J J A S O N D

Gewöhnliche Braunelle

Merkmale Staude. 5–30 cm. Blätter kreuzgegenständig, oval. **Lippenblüten** in 4–6-blütigen, quirligen Teilblütenständen am Stängelende, violett. **Oberlippe helmförmig**, Unterlippe 3-teilig.

Vorkommen Wege, Weiden, **Wiesen**, Wälder, Parkrasen. Auf nährstoffreichen, eher frischen Böden.

Wissenswertes Die Blüten der Gewöhnlichen Braunelle können gelegentlich weiß oder rosa gefärbt sein. Der kopfige Blütenstand befindet sich, anders als bei der Großblütigen Braunelle (*P. grandiflora*), direkt über dem obersten Blattpaar. Der vertrocknete Kelch öffnet sich bei Regen, damit die Früchte herausgeschleudert werden.

KRIECHENDER GÜNSEL

GUNDERMANN

GEWÖHNLICHE BRAUNELLE

SALVIA PRATENSIS — J F M A M J J A S O N D (Blütezeit: M J J A)

Wiesen-Salbei

Merkmale Staude. 30–60 cm. **Stängel 4-kantig**. Blätter oval, runzelig, grob gekerbt. Meist 4–8 **Lippenblüten** in 6–10 blattlosen Scheinquirlen, blauviolett, **Oberlippe sichelförmig**.

Vorkommen Wiesen, **Trockenrasen**, Wege, Böschungen. Auf meist kalkreichen, trockenen, warmen Böden.

Wissenswertes Die Blüten können gelegentlich rosa oder hellblau gefärbt sein. Sie weisen einen raffinierten Klappmechanismus auf, der dafür sorgt, dass blütenbesuchende Hummeln am Rücken mit Pollen beladen werden. Der Stängel ist borstig behaart und weist 1–3 Blattpaare auf, alle anderen Blätter stehen in einer Grundrosette. Wiesen-Salbei wächst gut im Garten, wo er sich besonders schön auf Wildstaudenbeeten und in Blumenwiesen macht.

ECHIUM VULGARE — J F M A M J J A S O N D (Blütezeit: J J A S)

Gewöhnlicher Natternkopf

Merkmale Zweijährig. 25–100 cm. Blätter wechselständig, lanzettlich. Blüten in verzweigten, **eingerollten Wickeln**, als Knospe rosa, dann rot, ganz offen blau, tief trichterförmig.

Vorkommen Wege, Ödflächen, Steinbrüche, **Schuttplätze**. Auf steinigen, sandigen, warmen Böden.

Wissenswertes Der Natternkopf bildet im ersten Jahr nur eine grundständige Rosette und weist auf kleinen Höckern sitzende kurze, weiße Borstenhaare auf. Diese dienen als Schutz vor gefräßigen Besuchern. Seinen Namen erhielt er, da seine Blüten an einen züngelnden Schlangenkopf erinnern. Man glaubte früher, dass das Kraut gegen Schlangenbisse helfen sollte. Tatsächlich ist die Pflanze jedoch giftig.

VICIA CRACCA — J F M A M J J A S O N D (Blütezeit: J J)

Vogel-Wicke

Merkmale Staude. 30–150 cm. Blätter wechselständig, gefiedert, **verzweigte Endranke**, 12–20 lanzettliche Fiedern. 15–40 **Schmetterlingsblüten** in Trauben, blauviolett.

Vorkommen **Felder**, Waldränder, Wiesen, Hecken, Gebüsche. Auf frischen, lehmigen, nährstoffreichen Böden.

Wissenswertes Die Blüten der Vogel-Wicke stehen in lang gestielten, zu Beginn aufgerollten Trauben und sind alle zu einer Seite gewandt, also einseitswendig. Die Wurzeln reichen sehr tief, so dass sie z. B. im Garten zu einem lästigen Unkraut werden kann. Früher war sie das vor allem auf Äckern und Feldern. Diese Art ist eine gute Futterpflanze.

WIESEN-SALBEI

GEW. NATTERNKOPF

VOGEL-WICKE

VIOLA ODORATA

J	F	M	A	M	J	J	A	S	O	N	D
		●	●				●	●			

März-Veilchen

Merkmale Staude. 3–10 cm. Blätter in grundständiger Rosette, **breit herzförmig**. Blüten einzeln, dunkelviolett, 5-zählig, gespornt, **stark duftend**. Ausläufer mit **Tochterrosetten**.

Vorkommen Waldränder, **Gebüsche**, Hecken, Parks. Auf frischen, nährstoffreichen Böden.

Wissenswertes Die im Frühjahr erscheinenden Blüten bleiben zumeist ohne Samen, obwohl der Veilchenduft zahlreiche Insekten anlockt. Diese gehen erst aus den Sommerblüten hervor, die geschlossen bleiben und sich daher selber bestäuben. Das März-Veilchen findet man vor allem in der Nähe von Dörfern, in Gärten, Parks oder auf Friedhöfen.

VIOLA RIVINIANA

J	F	M	A	M	J	J	A	S	O	N	D
			●	●	●						

Hain-Veilchen

Merkmale Staude. 5–20 cm. Blätter grundständig, herzförmig, lang gestielt, Nebenblätter lanzettlich. Blüten einzeln, violett, 5-zählig, **Sporn kräftig**, weißlich, oft nach oben gebogen.

Vorkommen Laubmischwälder, Heiden, **Magerrasen**. Auf sauren, trockenen bis frischen Böden.

Wissenswertes Das **duftlose** Hain-Veilchen, die Blume des Jahres 2002, ähnelt dem Wald-Veilchen (*V. reichenbachiana*), jedoch hat dieses einen geraden, dunkelvioletten Sporn, der im Gegensatz zu dem des Hain-Veilchens nicht behaart oder gekerbt ist. Auch sind die Blätter des Wald-Veilchens länger.

VIOLA TRICOLOR

J	F	M	A	M	J	J	A	S	O	N	D
			●	●	●	●	●				

Gewöhnliches Stiefmütterchen

Merkmale Staude. 10–25 cm. Blätter rundlich bis lanzettlich, gekerbt. Blüten einzeln, blauviolett oder 3-farbig **blauviolett-gelb-weiß**, gelegentlich ganz gelb, 5-zählig, gespornt. **Duftlos**.

Vorkommen **Wege**, Felder, Böschungen, Ödflächen. Auf frischen, sauren bis neutralen Böden.

Wissenswertes Stiefmütterchen und Veilchen unterscheiden sich u. a. in der Stellung ihrer Kronblätter. Während bei Stiefmütterchen 4 Kronblätter nach oben weisen und lediglich 1 nach unten, sind bei Veilchen 2 nach oben und 3 nach unten gerichtet. Aus Kreuzungen dieser Art mit anderen Stiefmütterchenarten sind zahlreiche Gartenformen entstanden, die zum Teil überaus große Blüten in beinahe allen Farbtönen zwischen Weiß und nahezu Schwarz aufweisen und überaus beliebt sind. Sie eignen sich gut für Beete und Rabatten, aber auch für Töpfe und zur Balkonbepflanzung.

MÄRZ-VEILCHEN

HAIN-VEILCHEN

GEWÖHNLICHES STIEFMÜTTERCHEN

MENTHA AQUATICA J F M A M J **J A S O** N D

Wasser-Minze

Merkmale Staude. 20–90 cm. Blätter kreuzgegenständig, oval, gesägt. Blüten in endständigem, dichtem, **rundem Blütenstand**, darunter oft 1–2 blattachselständige Scheinquirle, lila.

Vorkommen **Ufer**, Gräben, Flachmoore, Feuchtwiesen. Auf nassen, nährstoffreichen, humosen Böden.

Wissenswertes Die Wasser-Minze verträgt zeitweise Überschwemmung. Sie verströmt den typischen **Minzeduft**, auch ohne dass man an ihren Blättern reibt. Aus ihr und der Grünen Minze (*M. spicata*) wurde die sterile Pfeffer-Minze (*M.* × *piperita*) gezüchtet, die aus Küche und Apotheke nicht mehr wegzudenken ist.

PHYTEUMA NIGRUM J F M A **M J J** A S O N D

Schwarze Teufelskralle

Merkmale Staude. 20–80 cm. Grundblätter herzförmig, gekerbt, Stängelblätter wechselständig, lanzettlich bis linealisch. Blüten in Ähre, schwarzviolett, an der **Spitze oft grünlich**.

Vorkommen Wiesen, **Wälder**. Auf stickstoffreichen, kalkarmen, frischen Böden.

Wissenswertes Die Blüten stehen in einer ovalen bis zylindrischen Ähre und sind gelegentlich blau oder weiß gefärbt. Die Blütenknospen sind vor dem Aufblühen **krallenartig gekrümmt**, was die Namensgeber bei der Wahl des Trivialnamens inspiriert hat. Bienen und Schwebfliegen gehören zu den häufigsten Besuchern. Der unverzweigte Stängel trägt im oberen Drittel keine Blätter.

DIPSACUS FULLONUM J F M A M J **J A** S O N D

Wilde Karde

Merkmale Zweijährig. 50–200 cm. Stängel aufrecht, an den **Kanten stachelig**. Grundblätter in Rosette, elliptisch, **stachelig**, Stängelblätter gegenständig, lanzettlich, an Basis tütenförmig verwachsen. Blüten in zylindrischen, **stacheligen Köpfen**, lila.

Vorkommen Ufer, Wegränder, **Ödflächen**. Auf nährstoffreichen, lehmigen, frischen Böden.

Wissenswertes Der Blütenstand ist von starren, stechenden, aufwärts gekrümmten Hüllblättern umgeben. Zunächst öffnen sich die Blüten in der Mitte, anschließend nacheinander die weiter oben bzw. unten, so dass es dann 2 blühende Bereiche gibt. In der »Tüte« der miteinander verwachsenen Blattpaare sammelt sich Regenwasser, das eine Barriere für nach oben kriechende Insekten darstellt.

WASSER-MINZE

SCHW. TEUFELSKRALLE

WILDE KARDE

KNAUTIA ARVENSIS J F M A M J J A S O N D

Acker-Witwenblume

Merkmale Staude. 30–80 cm. Grundblätter in **Rosette**, Stängelblätter gegenständig, untere lanzettlich, obere fiederspaltig. Blüten in **flachen Köpfchen**, blau- bis rotviolett, selten weiß.

Vorkommen Felder, Waldränder, Fettwiesen, **Wegränder**. Auf lockeren, lehmigen, nicht zu nährstoffreichen Böden.

Wissenswertes Die Einzelblüten der Acker-Witwenblume sind 4-zipfelig, während die der früher kaum von ihr unterschiedenen Tauben-Skabiose (siehe unten) 5 Zipfel aufweisen. Ihre **Randblüten** sind **deutlich vergrößert**. Die Staubblätter ragen weit aus den Blüten heraus, die viele Insekten anlocken. Diese Art bildet Ausläufer und weist behaarte, häufig violett gepunktete Stängel auf.

SCABIOSA COLUMBARIA J F M A M J J A S O N D

Tauben-Skabiose

Merkmale Staude. 25–60 cm. Grundblätter oval, ungeteilt, Stängelblätter gegenständig, 1–2-fach fiederspaltig oder gefiedert. Blüten in flachen, **dichten Köpfchen**, blaulila bis violett, Kelch mit **5 dunklen Borsten**.

Vorkommen Magerrasen, Raine, **magere Wiesen**. Auf meist kalkhaltigen, lehmigen, eher trockenen Böden.

Wissenswertes Die **Randblüten** der Tauben-Skabiose sind größer als die inneren Blüten. Der Stängel ist unter den Blütenständen anliegend behaart, während die Härchen dort bei der ansonsten recht ähnlichen Acker-Witwenblume (siehe oben) ab stehen.

SUCCISA PRATENSIS J F M A M J J A S O N D

Gewöhnlicher Teufelsabbiss

Merkmale Staude. 15–80 cm. Grundblätter oval bis lanzettlich, Stängelblätter gegenständig, schmal lanzettlich. Blüten in dichten, endständigen Köpfchen, lila, **lanzettliche Hüllblätter**.

Vorkommen Magere **Feuchtwiesen**, Moorwiesen, Flachmoore. Auf basenreichen, wechselfeuchten, mageren Böden.

Wissenswertes Der Stängel des Gewöhnlichen Teufelsabbisses ist anliegend behaart. Seine Wurzeln wirken am unteren Ende so, als ob sie abgebissen wären, was man früher dem Teufel in die Schuhe schob und daher der Pflanze ihren doch ungewöhnlichen deutschen Namen verpasste. Der Gattungsname weist in eine ähnliche Richtung, denn er leitet sich vom lateinischen succisus ab, das unten abgeschnitten bedeutet. Früher wurde Teufelsabbiss als auswurffördernde Heilpflanze eingesetzt.

ACKER-WITWENBLUME

TAUBEN-SKABIOSE

GEW. TEUFELSABBISS

ASTER TRIPOLIUM — J F M A M J J A S O N D (● J A S)

Strand-Aster

Merkmale Zweijährig. 20–60 cm. Blätter wechselständig, linealisch bis lanzettlich, **fleischig**, ganzrandig. Körbchen in abgeflachten Rispen, lila Zungenblüten, gelbe Röhrenblüten.

Vorkommen **Salzwiesen**, Küstenröhrichte, Brackwasserbereich. Auf nassen, salzhaltigen Böden.

Wissenswertes Die Strand-Aster ist an ein Leben auf salzhaltigen Böden angepasst, was u. a. an ihren dickfleischigen Blättern zu erkennen ist. Sie lagert überschüssiges Salz in den untersten Blättern ein, die dann abgeworfen werden. Die Zungenblüten fehlen manchmal ganz oder teilweise, was den Blütenkörbchen dann ein etwas struppiges Aussehen verleiht.

CICHORIUM INTYBUS — J F M A M J J A S O N D (● J A S O)

Gewöhnliche Wegwarte

Merkmale Staude. 20–150 cm. Stängel **schütter rau behaart**. Grundblätter schrotsägeförmig, Stängelblätter wechselständig, lanzettlich, sitzend. Körbchen nur mit Zungenblüten, hellblau.

Vorkommen Weiden, Ödflächen, **Wegränder**. Auf meist trockenen, nährstoffreichen Böden.

Wissenswertes Die Gewöhnliche Wegwarte, Blume des Jahres 2009, weist einen weißen Milchsaft auf. Ihre Blüten stehen seitlich und an den Enden der Triebe. Sie öffnen sich morgens um 6 Uhr und schließen sich schon wieder gegen **12 Uhr** mittags. Um die Wegwarte ranken sich viele Geschichten, Sagen und Legenden; u. a. schrieb man ihr große Zauberkräfte zu, besonders was Liebesdinge betrifft.

CENTAUREA CYANUS — J F M A M J J A S O N D (● J J A S O)

Kornblume

Merkmale Einjährig. 20–90 cm. Stängel mehrfach verzweigt. Blätter linealisch, graugrün. Körbchen nur mit Röhrenblüten, **Randblüten blau**, **vergrößert**, steril, innere Blüten rotviolett.

Vorkommen **Getreidefelder**, Schuttplätze. Auf meist schwach sauren, mäßig frischen, leichten Böden.

Wissenswertes Früher war die Kornblume eine typische Pflanze in Getreidefeldern, wo sie mittlerweile jedoch recht selten geworden ist. Dafür findet man sie heutzutage immer öfter in Gärten, wo sie Wildblumenbeete mit ihrem hübschen Blau ziert. Die Randblüten mit ihren 5 langen Zipfeln können gelegentlich auch rosa oder weiß gefärbt sein. Für den Garten sind darüber hinaus auch Kornblumen mit roten Randblüten sowie mit gefüllten Blüten im Handel erhältlich.

STRAND-ASTER

GEW. WEGWARTE

KORNBLUME

ARUM MACULATUM J F M A M J J A S O N D

Gefleckter Aronstab

Merkmale Staude. 10–40 cm. Blätter grundständig, **pfeilförmig**. Blüten unten am keulenförmigen, von **grünweißem Hüllblatt** umgebenen **Kolben**, männliche stehen über weiblichen.

Vorkommen **Gebüsche**, Wälder. Auf nährstoffreichen Böden.

Wissenswertes Das tütenförmige Hüllblatt des Gefleckten Aronstabs ist häufig rot überlaufen. Es bildet zusammen mit dem Blütenstand eine raffinierte Kesselfalle, aus der vom Aasgeruch angelockte Mücken und Fliegen erst nach erfolgter Bestäubung entkommen können, und zwar völlig unbeschadet. Die auffälligen roten Beeren sind klebrig und giftig, die Blätter meistens dunkel gefleckt (Name!).

URTICA DIOICA J F M A M J J A S O N D

Große Brennnessel

Merkmale Staude. 30–150 cm. Stängel 4-kantig. Blätter kreuzgegenständig, oval, grob gesägt, wie Stängel mit kurzen Borsten und **langen Brennhaaren**. 2-häusig, männliche Blüten in gelbgrünen, abstehenden Rispen, weibliche in graugrünen, **hängenden Rispen**.

Vorkommen Schuttplätze, **Wege**, Gräben, Wälder. Auf stickstoffreichen, frischen Böden.

Wissenswertes Die Große Brennnessel ist eine wichtige Futterpflanze für diverse Schmetterlingsraupen (u.a. Admiral, Kleiner Fuchs, Tagpfauenauge). Sie eignet sich trotz ihrer lästigen Brennhaare jung als Wildgemüse und ist eine wertvolle, harntreibende **Heilpflanze**. Darüber hinaus wird Brennnesseljauche im Biogarten als Dünger geschätzt.

ERYNGIUM CAMPESTRE J F M A M J J A S O N D

Feld-Mannstreu

Merkmale Staude. 15–60 cm. Blätter wechselständig, ungeteilt oder handförmig bis doppelt fiederteilig, steif, **derb**, weißlich grün, **stachelig gezähnt**. Blüten in **kugeligen Köpfchen**, weißlich grün.

Vorkommen Raine, Trockenrasen, **Dämme**. Auf kalkreichen, humosen, sommertrockenen Böden.

Wissenswertes Die zahlreichen Blütenköpfchen sind jeweils von 5–8 langen Hüllblättern umgeben, die stachelig gezähnt sind und in einer Spitze auslaufen. Sind die Samen reif, dann wird die komplette vertrocknete Pflanze vom Wind ausgerissen und umhergeweht, wobei die Früchte weit in der Gegend verstreut werden.

GEFLECKTER ARONSTAB

G. ARONSTAB, FRÜCHTE

GROSSE BRENNNESSEL

FELD-MANNSTREU

PARIS QUADRIFOLIA J F M A M J J A S O N D

Einbeere

Merkmale Staude. 10–30 cm. Blätter elliptisch, meist zu **4 in Quirl**. 1 Blüte, endständig, 4 äußere Blütenhüllblätter hellgrün, lanzettlich, 4 innere gelblich, linealisch. **Schwarzblaue Beere**.

Vorkommen Laub- und **Auwälder**. Auf humosen, frischen, nährstoffreichen Böden.

Wissenswertes Die Einbeere ist mit ihren zumeist 4, seltener auch 3 oder 5–6 quirlständigen Blättern und der einzelnen schwarzblauen Beere eine auffällige Erscheinung. Sie ist giftig und wird daher heutzutage nur noch in der Homöopathie verwendet, z.B. bei nervösen Erregungszuständen sowie Atemwegsentzündungen. Vögeln scheinen die Inhaltsstoffe nicht zu schaden, denn sie fressen die Beeren und sorgen so für die Verbreitung der Samen.

ATRIPLEX PATULA J F M A M J J A S O N D

Spreizende Melde

Merkmale Einjährig. 30–80 cm. Stängel jung 4-kantig. Blätter wechselständig, rhombisch-lanzettlich. **Blütenknäuel** in endständigen Scheinähren oder Blattachseln, männliche klein, grünlich, weibliche ohne Kronblätter, von 2 Blättchen umgeben.

Vorkommen Gärten, **Felder**, Schuttplätze. Auf nährstoffreichen, lockeren Lehm- oder Tonböden.

Wissenswertes Nur die unteren Blätter der Spreizenden Melde weisen an der breitesten Stelle meist 2 nach vorne gerichtete Zähne auf. Die Blättchen um die weiblichen Blüten verbleiben an den Früchten. Die verwandte Garten-Melde (*A. hortensis*) ist ein Wildgemüse.

CHENOPODIUM ALBUM J F M A M J J A S O N D

Weißer Gänsefuß

Merkmale Einjährig. 20–150 cm. Ganze Pflanze **mehlig bestäubt**. Blätter wechselständig, oval-lanzettlich, gezähnt oder ganzrandig. Blütenknäuel in end- und blattachselständigen Rispen, grünlich weiß, unauffällig.

Vorkommen Schuttplätze, Felder, Wege, **Straßenränder**, Gärten. Auf nährstoffreichen Böden.

Wissenswertes Die Blätter des Weißen Gänsefußes sind recht vielgestaltig, von rautenförmig bis lanzettlich. Die Blüten erscheinen zwar zahlreich, sind jedoch eher unscheinbar und grünlich weiß gefärbt. Aus ihnen entwickeln sich schwarze Samen, die mehrere Jahrhunderte lang keimfähig bleiben. In der Jungsteinzeit wurde daraus Mehl gemahlen.

EINBEERE

EINBEERE, FRUCHT

SPREIZENDE MELDE

WEISSER GÄNSEFUSS

SALICORNIA EUROPAEA J F M A M J J A S O N D

Queller

Merkmale Einjährig. 5–40 cm. Stängel und Äste **dickfleischig**, **glasig**, blattlos, knotig gegliedert, grün. Blüten unscheinbar, zu 3 hinter kleinen Schuppen an verdickten Triebenden sitzend.

Vorkommen **Schlickwatt**, Salzquellen. Auf sandigen, schlickigen, stickstoffreichen, salzreichen Böden.

Wissenswertes Queller ist im Sommer grün bis gelbgrün gefärbt und tönt sich zur Blütezeit im Herbst rötlich. Seine gegenständigen Blätter sind stark reduziert und zu **Schuppen** umgebildet, so dass er blattlos wirkt. Er lagert Wasser und Salz ein und benötigt zum Gedeihen unbedingt einen gewissen Salzgehalt im Boden. Da im Verlauf des Jahres immer mehr eingelagert wird, quillt die Pflanze regelrecht auf (Name!)

HELLEBORUS FOETIDUS J F M A M J J A S O N D

Stinkende Nieswurz

Merkmale Staude. 20–60 cm. Blätter wechselständig, untere 5–9-fach handförmig geteilt, gezähnt, obere oval, ganzrandig. Blüten in lockerer Rispe, grün, **glockig, nickend**.

Vorkommen Wälder, **Gebüsche**. Auf kalkhaltigen Böden.

Wissenswertes Die Blüten der Stinkenden Nieswurz, deren Knospen sich schon im Herbst entwickeln, stehen in großen Büscheln zusammen und weisen vorne häufig einen roten Rand auf. Sie **riechen unangenehm**, wie der deutsche Pflanzenname schon vermuten lässt. Die Blätter sind wintergrün und zeigen einen charakteristischen Übergang von Stängelblättern über Hochblätter zu Kronblättern. Die Pflanze ist giftig.

HUMULUS LUPULUS J F M A M J J A S O N D

Hopfen

Merkmale Staude. 200–400 cm. Stängel rechtswindend, mit **Klimmhaaren**. Blätter gegenständig, untere tief 3–5-lappig, obere ungeteilt, grob gesägt. 2-häusig, männliche Blüten in blattachselständigen Rispen, weibliche Blütenstände **zapfenartig**, grün.

Vorkommen **Auwälder**. Auf feuchten, nährstoffreichen Böden.

Wissenswertes Hopfen wird als Bierwürze verwendet und hilft auch bei leichten Schlafstörungen. Die jungen Hopfensprossen gelten als Delikatesse und werden wie Spargel zubereitet. Die frischen Fruchtstände können auf der Haut eine allergische Reaktion auslösen, die als Hopfenpflückerdermatitis bekannt ist. Hopfen wird in einigen Gegenden großflächig angebaut, wobei nur die weiblichen Pflanzen kultiviert werden.

QUELLER

STINKENDE NIESWURZ

HOPFEN, MÄNN. BLÜTEN

HOPFEN, FRÜCHTE

ACORUS CALAMUS J F M A M J J A S O N D

Kalmus

Merkmale Staude. 50–150 cm. Stängel 3-kantig. Blätter 2-zeilig, lang, linealisch. Blüten in scheinbar seitenständigem, **grünlich gelbem Kolben**, unscheinbar.

Vorkommen Röhricht langsam fließender und stehender, warmer, nährstoffreicher **Gewässer**, Sümpfe.

Wissenswertes Der Blütenkolben des Kalmus ist von einem laubblattähnlichen Hochblatt umgeben. Seine Blüten bringen bei uns keine Samen hervor, so dass die Vermehrung nur auf vegetativem Wege über das Rhizom erfolgt. Dieses riecht sehr aromatisch, was auf die enthaltenen ätherischen Öle zurückzuführen ist, die medizinisch genutzt werden. Die irisähnlichen Blätter sind an den Rändern häufig gewellt.

HIPPURIS VULGARIS J F M A M J J A S O N D

Tannenwedel

Merkmale Staude. 10–50 cm. Stängel hohl, steif aufrecht. Blätter in Quirlen, lineal-nadelförmig, schlaff (Wasserform) bzw. steif abstehend. Blüten in Blattachseln, winzig, über dem Wasser.

Vorkommen In stehenden bis langsam fließenden, kühlen, nährstoffreichen **Gewässern**, auf trocken gefallenen Böden.

Wissenswertes Der Tannenwedel, der in seiner Gestalt an eine kleine **Tanne** oder auch an Schachtelhalm erinnert, kann sowohl im Wasser als auch an Land wachsen und trägt dann unterschiedliche Blätter. Da er sehr empfindlich auf **Wasserverschmutzungen** reagiert, ist er nur dort zu finden, wo das Wasser wirklich rein und sauber ist.

TYPHA LATIFOLIA J F M A M J J A S O N D

Breitblättriger Rohrkolben

Merkmale Staude. 50–250 cm. Blätter linealisch, beiderseits flach, steif aufrecht. Blüten in **langen Kolben**, weibliche Kolben unten, schwarzbraun, männliche darüber, gelbbraun.

Vorkommen Verlandungsbereich stehender bis langsam fließender, nährstoffreicher **Gewässer**, Gräben, Sumpfwiesen.

Wissenswertes Die männlichen und weiblichen Kolben des Breitblättrigen Rohrkolbens sitzen unmittelbar übereinander, während zwischen denen des Schmalblättrigen Rohrkolbens (*T. angustifolia*) eine 3–8 cm große Lücke besteht. Die Blätter wurden früher von Küfern zum Abdichten der Fassfugen verwendet, während das gemahlene Rhizom aufgrund seines hohen Stärkegehalts in schlechten Zeiten zum Strecken des Mehls verwendet wurde.

KALMUS

TANNENWEDEL

BREITBLÄTTRIGER ROHRKOLBEN

RUMEX CRISPUS J F M A M J J A S O N D

Krauser Ampfer

Merkmale Staude. 30–150 cm. Blätter wechselständig, schmal lanzettlich, **am Rand gewellt**. Blütenknäuel an verzweigten Rispen, Knäuel oft mit Tragblatt, grünlich, 6-zählig.

Vorkommen Wege, **Wiesen**, Weiden, Felder, Ufer. Auf verdichteten, feuchten, stickstoffreichen Böden.

Wissenswertes Eines der 3 inneren Blütenhüllblätter weist beim Krausen Ampfer eine deutliche große, wulstartige Schwiele auf. Seine Blätter sind am Rand wellig gekraust, worauf sich sein deutscher Name bezieht. Er wird in der Homöopathie u. a. bei Durchfällen und juckenden Hautausschlägen eingesetzt.

ASARUM EUROPAEUM J F M A M J J A S O N D

Haselwurz

Merkmale Staude. 5–10 cm. **2 nierenförmige Laubblätter**, glänzend, immergrün. Blüte endständig, außen grünlich, innen rotbraun, **glockig**, 3–4-zipflig, kurz gestielt.

Vorkommen **Wälder**. Auf kalk- und nährstoffreichen Böden.

Wissenswertes Die Haselwurz wächst kriechend. Da ihre Blütenstiele direkt dem Rhizom entspringen, liegen die unscheinbaren Blüten oft unter den Blättern verborgen dem Boden auf. Wer sie entdecken will, muss sich daher dort auf die Suche machen. Die Pflanze riecht und schmeckt **pfeffrig** und wurde früher als Brechmittel, Niespulver sowie für Abtreibungen mit schwersten Nebenwirkungen verwendet – kein Wunder, ist sie doch giftig und kann im Extremfall sogar zum Tod durch Atemlähmung führen. Im Garten ist sie jedoch ein schöner Bodendecker.

ATROPA BELLA-DONNA J F M A M J J A S O N D

Tollkirsche

Merkmale Staude. 50–150 cm. Blätter wechselständig, oval bis breit lanzettlich. **Blüten einzeln** blattachselständig, schmutzig grünviolett, glockig, nickend. Frucht **schwarze Beere**.

Vorkommen Waldlichtungen, Waldränder, **Waldwege**. Auf stickstoffreichen, frischen, meist kalkhaltigen Böden.

Wissenswertes Die zunächst grünen, reif dann glänzend schwarzen, kirschgroßen Beeren tragen noch die 5 Kelchblätter der Blüten und sind daran gut zu erkennen. Sie sowie die gesamte Pflanze enthalten überaus giftige Alkaloide, die u. a. zu Wahnvorstellungen führen können (Name!). Fatalerweise schmecken die Beeren nicht übel, so dass es nicht erst einmal zu Vergiftungen gekommen ist. Auf der anderen Seite lassen sie sich jedoch auch medizinisch nutzen (pupillenerweiternd, krampflösend).

KRAUSER AMPFER

HASELWURZ

TOLLKIRSCHE

TOLLKIRSCHE, FRÜCHTE

ALCHEMILLA VULGARIS J F M A M J J A S O N D

Gewöhnlicher Frauenmantel

Merkmale Staude. 15–50 cm. Grundblätter **tief handförmig** 5–11-lappig, gezähnt. Blütenknäuel in **rispigem Blütenstand**, gelbgrün, ohne Kronblätter.

Vorkommen Wälder, **Wiesen**, Gräben, Gebüsche. Auf feuchten, nährstoffreichen Böden.

Wissenswertes Die Blätter des Frauenmantels wirken wie gefaltet, was die Namensgeber an den Mantel der Jungfrau Maria erinnert hat. Bei höherer Luftfeuchtigkeit zeigen sich in den Winkeln ihrer Randzähnchen **Wassertropfen**, die dort aktiv aus Wasserspalten ausgeschieden werden. Da dies sehr hübsch aussieht, ist diese Art eine beliebte Blattschmuckpflanze in Gärten. Frauenmantel gilt als Heilpflanze, die besonders bei leichten Durchfallerkrankungen wirksam ist.

SANGUISORBA MINOR J F M A M J J A S O N D

Kleiner Wiesenknopf

Merkmale Staude. 20–40 cm. Blätter grundständig, unpaarig gefiedert, 5–15 Fiedern. Blüten in **kugeligen Köpfchen**, grünlich gelb.

Vorkommen Böschungen, **Wegränder**, trockene Wiesen. Auf mageren, lockeren, mäßig trockenen, kalkhaltigen Böden.

Wissenswertes Im Blütenköpfchen des Kleinen Wiesenkopfs stehen die männlichen und weiblichen Blüten getrennt. Oben finden sich die weiblichen, unten die männlichen, dazwischen häufig auch ein paar zwittrige. Die Griffel der weiblichen Blüten sind rötlich gefärbt, die Staubbeutel der männlichen gelb. Anders als bei Vertretern der Rosengewächse sonst üblich, wird diese Art vom Wind bestäubt.

GEUM RIVALE J F M A M J J A S O N D

Bach-Nelkenwurz

Merkmale Staude. 30–70 cm. Grundblätter unterbrochen gefiedert, 6–12 rundliche Fiedern, Stängelblätter meist 3-teilig. Blüten einzeln oder locker zu 2–6, **Kelch mit Außenkelch**, braunrot, Kronblätter rosa bis gelblich, **nickend**, **glockig**.

Vorkommen **Auwälder**, Ufer, Gräben, nasse Wiesen. Auf nassen, nährstoffreichen, humosen Böden.

Wissenswertes Die Grundblätter der Bach-Nelkenwurz weisen meistens eine große, 3-lappige Endfieder auf. Sie verträgt zeitweilige Überflutung und wurde 2007 zur Blume des Jahres gewählt, um auf den Rückgang der Feuchtbiotope aufmerksam zu machen.

GEWÖHNLICHER FRAUENMANTEL

KLEINER WIESENKNOPF

BACH-NELKENWURZ

PLANTAGO LANCEOLATA

J	F	M	A	M	J	J	A	S	O	N	D
				●	●	●	●	●			

Spitz-Wegerich

Merkmale Staude. 10–40 cm. Stängel blattlos. Blätter grundständig, schmal lanzettlich, **3–7 parallele Blattnerven**. Blüten in ovalen Ähren, bräunlich, weißliche Staubblätter.

Vorkommen Wege, Ödflächen, Weiden, **Wiesen**. Auf lehmigen, frischen Böden.

Wissenswertes Spitz-Wegerich ist überaus trittfest und besitzt bei feuchtem Wetter klebrige Samen, die an Tierpfoten haften bleiben und so verbreitet werden. Er ist eine altbekannte **Heilpflanze**, die bei Insektenstichen, Verletzungen, Entzündungen der Mundschleimhaut und trockenem Reizhusten eingesetzt wird.

PLANTAGO MEDIA

J	F	M	A	M	J	J	A	S	O	N	D
				●	●						

Mittlerer Wegerich

Merkmale Staude. 10–40 cm. Blätter in grundständiger Rosette, breit oval, 5–9 parallele Nerven, kaum gestielt. Blüten in walzenförmiger Ähre, unscheinbar, Staubbeutel blasslila.

Vorkommen Rasen, Weiden, **Wegränder**, Magerwiesen. Auf mäßig nährstoffreichen, meist kalkhaltigen Böden.

Wissenswertes Die Blätter des Mittleren Wegerichs sind vergleichsweise »mittelbreit«, wenn man sie mit denen anderer Wegericharten vergleicht. Dies kommt auch im wissenschaftlichen sowie im deutschen Namen zum Ausdruck. Im Gegensatz zu anderen Wegericharten **duften** die Blüten und werden gern von Bienen besucht. Seine Samen bleiben an Sohlen haften und kamen so auch nach Nordamerika. Die Indianer nannten die Pflanze »Fußtritt des Weißen Mannes«, da sie überall dort wuchs, wo Weiße das Land eroberten.

PLANTAGO MAJOR

J	F	M	A	M	J	J	A	S	O	N	D
					●	●	●	●	●		

Großer Wegerich

Merkmale Staude. 10–30 cm. Blätter in grundständiger Rosette, breit oval bis elliptisch, **5–9 parallele Nerven**, **breit gestielt**. Blüten in dünner Ähre, unscheinbar, Staubbeutel lila.

Vorkommen **Wege**, Weiden, Rasen, Ufer, **Sportplätze**. Auf verdichteten, mäßig nährstoffhaltigen Böden.

Wissenswertes Wegerich produziert sehr viele Pollen, die mit dem Wind verbreitet werden. Daher zählt er zu den Pflanzen, die Heuschnupfenallergiker besonders heftig plagen. Die Staubbeutel des sehr trittfesten **Breit-Wegerichs**, wie diese Art auch genannt wird, sind zunächst lila getönt, färben sich dann aber braungelb und ragen weit aus der Kronröhre hinaus.

SPITZ-WEGERICH

MITTLERER WEGERICH

GROSSER WEGERICH

ERIOPHORUM ANGUSTIFOLIUM J F M A M J J A S O N D

Schmalblättriges Wollgras

Merkmale Staude. 20–50 cm. Stängel aufrecht, rund. Blätter linealisch. Blüten in **köpfchenförmigen Ähren**, zu 3–6, bräunlich, erst aufrecht, dann hängend.

Vorkommen **Flachmoore**, Ufer. Auf nährstoffarmen, feuchten Böden.

Wissenswertes Ab Juni trägt das Schmalblättrige Wollgras kleine auffällige Flöckchen aus weißen **Wollhaaren**, die die Samen umgeben und vom Wind verweht werden.

JUNCUS EFFUSUS J F M A M J J A S O N D

Flatter-Binse

Merkmale Staude. 30–80 cm. Stängel rund, blatt- und knotenlos, durchgehend markhaltig, **glänzend**. Blütenstand locker rispenartig, **scheinbar seitenständig**, grünbraun, mit Tragblatt.

Vorkommen **Nasse Wiesen**, feuchte Waldstellen, Quellmoore, Kahlschläge. Auf feuchten bis nassen, mäßig sauren Böden.

Wissenswertes Die Flatter-Binse bildet dichte Horste. Ihr deutscher Name bezieht sich auf die Blütenstände, bei denen die unterschiedlich langen Äste gut zu erkennen sind.

ALOPECURUS PRATENSIS J F M A M J J A S O N D

Wiesen-Fuchsschwanzgras

Merkmale Staude. 30–100 cm. Stängel rund, hohl. **Blätter 2-zeilig** angeordnet. Blüten in walzenförmigen Scheinähren, Ährchen schräg nach oben weisend, weiche Grannen.

Vorkommen **Wiesen**, Wege, Ufer. Auf feuchten Böden.

Wissenswertes Dass der 6–10 cm lange Blütenstand wie ein Fuchsschwanz wirkt, findet sich auch im botanischen Namen wieder (griechisch alopex = Fuchs, oura = Schwanz).

PHRAGMITES AUSTRALIS J F M A M J J A S O N D

Schilf

Merkmale Staude. 100–400 cm. Stängel rund, hohl. Blätter 2-zeilig, bis 2 cm dick, über 1,6 cm breit. Blüten in bis zu 50 cm hohen **Rispen**, 3–7 Blüten je Ährchen, **mit weißen Haaren**.

Vorkommen Ufer stehender oder langsam fließender **Gewässer**. Auf stickstoffhaltigen Schlamm- und Schlickböden.

Wissenswertes Schilf bildet Ausläufer, die bis zu 10 m lang sein können. Die weißen Haare färben sich mit der Zeit braunviolett. Die Halme werden vielfältig verwendet, z. B. für Reetdächer.

SCHMALBLÄTTRIGES WOLLGRAS

FLATTER-BINSE

W.-FUCHSSCHWANZGRAS

SCHILF

DACTYLIS GLOMERATA

J F M A M J J A S O N D

Wiesen-Knäuelgras

Merkmale Staude. 30–120 cm. **Horstbildend**. Stängel rau, hohl. Blätter 1 cm breit, lange, stängelumfassende Scheide. Rispe mit knäulig verdichteten **Ähren**, an den Spitzen gehäuft.

Vorkommen **Wiesen**, Weiden, Wegränder, Waldränder, Waldschläge. Auf nährstoffreichen, frischen, mäßig feuchten Böden.

Wissenswertes Das Wiesen-Knäuelgras ist ein wertvolles **Futtergras**, das seinen Namen den an den Spitzen geknäult stehenden Ähren verdankt. Es gilt als **Stickstoffzeiger**.

ELYMUS REPENS

J F M A M J J A S O N D

Gewöhnliche Quecke

Merkmale Staude. 30–120 cm. Stängel hohl. Blätter 2-zeilig angeordnet, bereift. Blüten in Ähre aus **2-zeilig angeordneten Ährchen**, mit der Breitseite Spindel zugewandt.

Vorkommen **Wege**, Felder, Gärten, Schuttplätze, Ufer.

Wissenswertes Die Gewöhnliche Quecke bildet zahlreiche lange Ausläufer und einen bis zu 80 cm tief reichenden Wurzelballen, weshalb sie ein schwer zu bekämpfendes Unkraut darstellt.

LOLIUM PERENNE

J F M A M J J A S O N D

Englisches Raygras

Merkmale Staude. 30–60 cm. Stängel hohl, Blätter 2-zeilig angeordnet, oberseits fein gerieft. Blüten in 2-zeiligen Ährchen, **Schmalseite der Blütenstandsachse zugewandt**, keine Grannen.

Vorkommen **Wegränder**, Wiesen. Auf stickstoffreichen Böden.

Wissenswertes Das Englische Raygras, auch als **Deutsches Weidelgras** bzw. **Lolch** bekannt, ist das wichtigste **Weidegras** überhaupt und findet sich in zahlreichen Rasenmischungen.

POA ANNUA

J F M A M J J A S O N D

Einjähriges Rispengras

Merkmale Einjährig. 5–25 cm. Niedrig, büschelig. Stängel etwas zusammengedrückt. Blätter 2-zeilig angeordnet, **kahnförmige Spitze**. Blüten in lockeren Rispen, meist einseitswendig.

Vorkommen Weiden, **Wiesen**, Gärten, Ödflächen. Auf stickstoffreichen, vorzugsweise schweren Böden.

Wissenswertes Das Einjährige Rispengras wächst normalerweise einjährig, kann unter günstigen Bedingungen aber auch überwintern. Es ist weltweit anzutreffen und sehr häufig.

WIESEN-KNÄUELGRAS

GEWÖHNLICHE QUECKE

ENGLISCHES RAYGRAS

EINJÄHRIGES RISPENGRAS

Stichwortverzeichnis

Bildnachweis

Eisenreich: 139ul
Hecker: 11ol, 27m, 29m, 31m, 39ol, 41m, 45u, 47u, 51u, 69m, 73ur, 77m, 79u, 81u, 89o, 89mr, 91ol, 95u, 99u, 101u, 105u, 111u, 117m, 117u, 125o, 135ol, 137m, 139ol, 141o, 141ur, 143o
Limbrunner: 4, 9o, 33o, 33m, 43ml, 53m, 57o, 57u, 59m, 61ml, 63o, 73o, 67u, 77u, 79or, 91u, 107u, 111o, 119o, 119m, 121o, 127or, 129m, 137ol, 137or, 139ur, 151u
Pforr: 9u, 11or, 13ol, 13or, 13m, 15m, 19o, 23or, 23u, 25ul, 25ur, 29o, 29u, 35or, 37ol, 41o, 39or, 43mr, 45o, 45m, 47o, 49m, 51m, 55o, 55m, 55u, 57m, 61o, 61mr, 63ul, 63ur, 65o, 65u, 67m, 71u, 71o, 67o, 79o, 77ol, 77or, 79ml, 83m, 85m, 93o, 93u, 97o, 97u, 99ol, 99or, 101o, 103u, 105m, 107m, 109o, 109u, 111m, 117o, 119ur, 121m, 121u, 123ol, 127ol, 127u, 131ur, 133ul, 133ur, 135u, 135or, 141ul, 145m, 143u, 147o, 147m, 149ol, 149or, 151mr, 153o, 153mr, 153u
Pott: 43o
Reinhard: 1, 2/3, 6ul, 9m, 11, 13u, 25m, 19m, 27o, 27u, 33u, 35ul, 39m, 37m, 53u, 59ol, 69u, 71m, 73m, 81m, 83o, 93ml, 95o, 107or, 109ml, 123or, 131ul, 141m, 145ur, 151ml
Sauer/Hecker: 23ol, 21u, 47m, 75mr, 91or
Spohn: 15o, 41u, 59or, 113ol
Willner: 6o, 6m, 6ur, 11m, 15u, 17o, 17m, 17u, 21o, 19u, 21m, 23m, 25o, 31o, 31u, 35ol, 35ur, 37or, 37u, 39u, 43u, 49o, 49u, 51o, 53o, 59u, 61u, 63m, 65m, 75u, 69o, 75o, 75ml, 73ul, 81o, 85o, 85u, 87o, 87m, 87u, 83u, 89ml, 89u, 91m, 93mr, 95m, 97m, 105o, 103o, 103m, 107ol, 101m, 109mr, 113or, 113m, 113u, 115o, 115m, 115u, 119ul, 123u, 125m, 125u, 129o, 129u, 133o, 137u, 139or, 145o, 143m, 145ul, 147u, 149u, 151o, 153ml
Zeininger: 131o

Über die Autorin

Dr. Sigrun Künkele hat an der Universität Hannover Gartenbau studiert, wo sie im Anschluss an das Studium am Institut für Gemüsebau tätig war. Nach ihrer Promotion arbeitete sie zunächst bei mehreren Verlagen, bis sie sich schließlich im Jahr 2001 als freie Lektorin und Autorin selbstständig machte. Seitdem schreibt und lektoriert sie für zahlreiche renommierte Verlage. Dr. Künkele lebt mit ihrem Lebensgefährten sowie dem Mischlingshund Sammy in Hamburg.

Bibliografische Information der Deutschen Nationalbibliothek
Die Deutsche Nationalbibliothek verzeichnet diese Publikation in der Deutschen Nationalbibliografie; detaillierte bibliografische Daten sind im Internet über http://dnb.d-nb.de abrufbar.

BLV Buchverlag GmbH & Co. KG
80797 München

Piktogramme: Gisela Rüger, München
Grafik Seite 7: Susanne Schneider und Jörg Mair

Umschlaggestaltung: Kochan & Partner GmbH, München
Umschlagfotos: igreen/Jonathan Fieber (vorne), Pforr (hinten)

Lektorat: Dr. Friedrich Kögel, Christina Redmer
Herstellung: Hermann Maxant
Layoutkonzept Innenteil: Kochan & Partner GmbH, München
DTP: Satz+Layout Peter Fruth GmbH, München

Gedruckt auf chlorfrei gebleichtem Papier

Printed in Germany

ISBN 978-3-8354-0789-3